U0323703

江西省洪涝灾害预警预报及调度

主　编　王永文　白　桦

副主编　刘铁林　康传雄　李二辉　黄孝明

江西科学技术出版社

江西·南昌

图书在版编目（CIP）数据

江西省洪涝灾害预警预报及调度 / 王永文，白桦主编. -- 南昌 : 江西科学技术出版社，2024. 8. -- ISBN 978-7-5390-9133-4

Ⅰ. P426.616

中国国家版本馆 CIP 数据核字第 20241NJ281 号

江西省洪涝灾害预警预报及调度
JIANGXI SHENG HONGLAO ZAIHAI YUJING YUBAO JI DIAODU

王永文，白桦 主编

出版发行 江西科学技术出版社
社址 南昌市蓼洲街 2 号附 1 号
邮编:330009 电话:(0791)86623491 86639342(传真)
印刷 江西骁翰科技有限公司
经销 全国新华书店
开本 720 mm×1000 mm 1/16
字数 300 千字
印张 10.75
版次 2024 年 8 月第 1 版
印次 2024 年 8 月第 1 次印刷
书号 ISBN 978-7-5390-9133-4
定价 56.00 元

国际互联网(Internet)地址:http://www.jxkjcbs.com 选题序号:ZK2024217 赣版权登字-03-2024-165

责任编辑:朱 丽 装帧设计:曹弟姐

版权所有 侵权必究
(赣科版图书凡属印装错误,可向承印厂调换)

前　言

江西省洪涝灾害频繁发生，是水利部门面对的首要自然灾害。因此，防洪排涝具有明显的现实需求。江西省内历时洪涝灾害，灾害间同源、共生、相依相伴，呈现紧密耦合关系和水力联系。精准洪涝预警预报和调度是应对灾害的有效非工程手段，但面对复杂多尺度孕灾过程，需要开展致灾理论和关键技术研发。如何融合多源气象水文和地理信息、筛选致灾关键物理过程，构建合理数学物理方程，研发洪涝成灾数学模型和仿真技术，成为水利部门亟待解决的关键问题。

江西省防洪除涝任务艰巨、主管和技术支撑部门较多，涉及应急、水利、气象局、城建等多个政府部门及江西省水文监测中心、行业科研院所、高校等多个事业单位。系统协调政府、行业主管部门间治水思路，有效统筹业务单位、科研院所和高校等优势，开展江西省洪涝灾害预警预报及调度关键技术研发和示范，凝练治水智慧，可为今后开展防洪除涝工作提供案例和经验。同时，洪涝事件本身具有显著的随机性和时空变异性，需要高精度、长序列历史数据做经验支撑。为保障预警预报与调度关键技术的实用性，需要基于实测洪涝数据，对洪涝灾害时空重现规律进行及时总结，是一样耗费巨大、难点集中的任务。

本书系统总结江西省洪涝灾害及风险、洪涝现代监测技术，基于实测洪涝数据，介绍坡面、河道、城市、流域等多空间尺度洪涝及其伴生水土流失过程模拟关键技术，引入洪涝过程现代优化理论、方法和技术，达到系统洪涝治理的目的。其中，本书由南昌工程学院牵头组织实施，与江西省水文监测中心采用“产学研”相结合方式联合技术攻关，对洪水、内涝多历时预警技术和指标进行联合技术研发。

本书为江西省重点研发计划重点支持项目《变化环境下鄱阳湖流域降水径流、洪水干旱灾害变化及其对策研究》（项目编号：20212BBG71014）。第 1 章由白桦、李二辉、康传雄完成，第 2 章由刘铁林、黄孝明完成，第 3 至 6 章由王永文完成。

书中不足之处敬请广大读者、专家和同行指正，不胜感谢！

目　录

第 1 章　洪涝灾害及风险评价

1.1　洪涝水殇

近年来，我国对洪涝灾害非常重视，先后颁布了《中华人民共和国防洪法》《中华人民共和国水法》《中华人民共和国防洪条例》等一系列关于洪涝的法律条例。2020 年 6 月，习近平总书记针对当时多地发生的洪涝地质灾害作出重要指示，要全力做好洪涝地质灾害防御和应急抢险救援，坚持人民至上、生命至上，切实把确保人民生命安全放在第一位落到实处。

我国的洪灾种类非常多，空间分布异质性强，整体表现为多点散发，发生在我国的不同地方。洪灾有暴雨洪水、山洪泥石流、冰凌洪水、融雪洪水、垮坝洪水等类型。从古至今，我国就是一个洪灾频发的国家。根据历史上的洪水资料统计，在明清 500 余年中共发生水灾 424 次，范围涉及数州县到 30 个州县，平均每 4 年就发生 3 次，范围超过 30 个州县的水灾共发生了 190 次，平均每 3 年 1 次。我国的洪涝灾害具有发生范围广、发生频繁、突发性较强、损失很大的特点，在时间上比较集中，发生频次高，在空间上呈现多点散发，这些给洪涝灾害的监测造成了巨大困难。

1.2　洪涝灾害类型和成因

1.2.1　洪涝灾害类型

洪涝灾害是世界上最严重的自然灾害，据水利部 2006—2020 年统计，我国因灾年均 1082 人死亡失踪，直接经济损失年均 2026 亿元，其中江西年均 19 人死亡失踪，直接经济损失年均102亿元。在全球气候变化和城市化背景下,城市洪涝灾害风险加剧,可持续发展面临严峻挑战。

江西省地处南方红壤丘陵区,气候湿润,大部分山区有植被覆盖,雨水容易下渗;此外山地坡度大,积水更容易汇入河流,因此地势比较高的地区不容易形成积水,而城市范围内地势比较低洼的区域就容易形成内涝。同时,城市化建设带来的“热岛效应”使降水比较集中,又因江西河流众多,平原城市在排涝和防洪方面承担了“自然降水、上游来水”的双重压力。综上,可将江西省内涝划分为山区型洪涝和顶托型洪涝。山区内涝主要发生在远离河道的低山丘陵的低洼区域,其内涝积水是由坡面洪水积聚在低洼区域形成,主要分布在城市周边的丘陵低洼点。顶托型内涝主要发生在城市河道毗邻区域。

1.2.2 城镇洪涝灾害成因

城市化改变了原生地貌水循环及伴生物理、生物和化学过程,诱发了本地、毗邻区域甚至更大范围区域生态环境问题,形成了巨大的环境挑战。截至2020年,国内常住人口城市化率已超过60%。随着城市高密度化和集约化发展,城市不透水面积增加,割裂了地表水、土壤水和地下水之间的水力联系,减少了降雨下渗水量,弱化了流域下垫面对于洪涝过程的调蓄能力,加剧了城市洪涝的集中和成灾。城市变化环境下,极端暴雨的频次和强度上升,城市原有防洪排涝设施建设标准不能满足变化环境下实际需求,进一步加大了城市洪涝灾害的防御困难。

城镇化主要通过侵占行洪区、河道渠化、不透水面增加和城市微地形改变四方面来影响区域洪涝事件。

首先,城市多集中在滨江、滨河和滨湖地区,取水、用水、排水成本较低。城市发展不断侵占天然河道行洪滩地,使行洪断面不断萎缩,人为减少了行洪断面的洪水储存、宣泄空间,降低了行洪断面的泄洪能力。城市化之后的行洪断面洪水调节能力降低,遭遇原生地貌设计洪水使得洪峰流量、洪水总量和洪水过程线超设计标准,形成超标准洪水,导致洪灾。

其次,城市河道主要依靠堤防“堵”住洪水。同时,为了快速排出洪水,对天然河道截弯取直和渠化处理,限定河道横断面的两侧边界。河道水流下切河底,流速变大。综上可知:侵蚀行洪区和河道渠化减少了行洪断面,增加了河道流速,易形成超标洪水。

再次,城市化使得地表硬化,将原有多样化土地利用格局变为以不透水面为主的城市景观,导致洪水特征的变化。

①城市所在流域水力效率的增加和场次暴雨入渗水量的减少,伴生地表径流的增加。暴雨相应径流系数、洪峰流量和洪水总量变大。城市不透水地貌相对透水地貌径

流系数偏大，城市化后地貌单元的转变带来径流系数的变大。例如：在美国丹佛市，暴雨洪水观测试验表明，2 h 的暴雨，在草坪、沙土和黏土区域，暴雨相应的径流系数为0.10~0.25，不透水的铺路地带则为0.90。在区域尺度上径流系数增大。例如：北京城市化后，不透水地面比例增加，径流系数从0.12增加到0.41；城市化流域平均90%的暴雨形成径流，而非城市化森林覆盖流域径流系数约为75%。城市洪峰流量在诸多文献中均被证实增大，相应重现期变大。例如北京城市化使得城市化后20年重现期的峰值流量大于城市化前100年重现期的峰值流量值。城市化使洪水总量变大，不透水面积增加10%~100%，径流将增加200%~500%，不透水面积比例20%是径流迅速增加的阈值。另外，对城市化过程中韩国 Gyeongancheon 流域水文过程的变化进行定量研究，由于1980—2000年流域不透水率增加了近10%，导致总径流量增加了5.5%，其中地表径流增加比例达到24.8%。

②不透水面积糙率相对较小，水流流动阻力较小，水流速度较快，汇流时间较短，洪水对暴雨的响应时间较短，峰现时间提前，河道横断面处的洪水过程线由自然流域“矮胖”型洪水转变为城市化显著流域的“尖瘦”型洪水。例如：Nigussie 等利用 SLEUTH 城市增长模型和 HEC-1 水文模型研究4种土地利用政策情景下 Ayamama 流域城市化对水文响应的影响，认为 Ayamama 流域扩展范围内无限制城市化增长情景下的洪峰最大，且洪峰到达时间最快；陈瑜等基于栅格分布式水文模型，根据流域现状构建9种流域下垫面情景，进行东江流域白盆珠水库子流域下垫面变化的洪水响应分析，认为城市化有增加产流和加快汇流的作用。

③不透水面积的增加，影响河道基流和地下水位。由于研究区自然、社会环境的差异，城市化对地下水的影响并未形成统一的结论。部分研究表明，基于坡面产流过程的水量平衡原理考虑，由于下垫面蒸发蒸腾量的增加，地下径流量相应减少；但是，雨污管网存在渗漏可能，补给地下水，使水位上升。

④不透水面积的增加降低了下垫面蓄洪能力，对规模小的洪水影响较大，会增加小洪水次数，但是对规模大的洪水影响相对有限。综上可知：不透水面增加使下渗速率变大，下渗水量减少，地表径流增加，洪水总量、洪峰流量和径流系数变大；地表糙率减小，流速变大，汇流时间缩短，峰现时间提前，洪水对暴雨的响应时间缩短，洪水过程线由自然流域“矮胖”型洪水转变为城市化显著流域的“尖瘦”型洪水。

最后，城市化过程中形成了商场、停车场、桥涵等微地形，在水循环过程中有利于雨水的积聚和内涝的形成。另外，城市河道洪峰流量、洪水总量的变大和“尖瘦”型洪水与内涝水深、水力联系紧密。河道洪水水位过高，洪水将翻越河岸在洪泛区低洼的微地形区形成内涝积水；河道洪水若受下游河道洪水顶托，排泄不畅，将在一定时间内滞留河道,形成对集水区低洼地带内涝积水的顶托,形成长时间内涝积水。由此可知:城市化“低洼”微地形有助于内涝灾害的形成。

1.3　洪涝灾害预警指标

1.3.1　内涝标准

内涝是指由于雨量过多,地势低洼,积水不能及时排除而造成的自然现象,常以内涝积水面积、积水历时和积水范围表征内涝灾害自然属性。当内涝面积、历时和范围超过一定级别后,内涝才会积聚致灾,形成内涝灾害。内涝缺少统一的现行分级分类标准。本项目基于内涝点的内涝积水深度、积水时间和范围,借鉴《城市内涝防治规划标准(征求意见稿)》中的城市内涝的分级评价标准见表 1.1,借助 Matlab 软件编译程序,将内涝划分为轻微积水、轻微内涝和严重内涝 3 个等级。

表 1.1　城市内涝的分级评价标准

城市内涝等级	评价标准		
	最大积水深度	积水时间	积水面积
轻微积水	小于 15 cm	小于 1 h	/
轻微内涝	大于等于 15 cm,小于 40 cm	1 ~ 2 h	积水道路长度不大于 100 m,积水场地面积不大于 500 m^2
严重内涝	大于等于 40 cm	超过 1 h	积水道路长度大于 100 m,积水场地面积大于 500 m^2

注:该表引自中国城市规划设计研究院牵头起草的《城市内涝防治规划标准(征求意见稿)》。https://www.mohurd.gov.cn/gongkai/fdzdgknr/zqyj/201707/20170714_232627.html

1.3.2　内涝统计指标的选择

内涝统计指标主要根据相关规范性文件划分,包括江西省 23 个城市内涝治理系统化实施方案、城市排水防涝综合规划、城市海绵城市专项规划。内涝统计指标选择如下:

(1)内涝点集水区面积

内涝点集水区面积是影响内涝孕灾规律的重要依据。内涝集水区面积越小,内涝积水越容易同时间汇集,形成较大单宽流量。雨水井排水不畅,更易形成内涝灾害。

(2)内涝点集水区平均坡度

集水区坡度影响地表径流的汇流速度。坡度越大,单位水平方向的势能降低越快,转化的动能越多，速度越快。流速越快，地表积水越容易在较短历时内集中至雨水井，诱发较大单宽流量。排水不畅，内涝积聚成灾。因此，集水区平均坡度是影响内涝的重要环境因子。

（3）不同历时内涝点关联雨量

关联雨量是内涝点集水区内涝成灾的关键环境因子。城市内涝主要取决于降雨强度。本项目中关联雨量是指历时（1 h、3 h、6 h）的降雨量，表征降雨强度，是内涝等级预测的合适要素。

（4）内涝灾害等级

内涝灾害等级是内涝量级的定量指标，可通过调查内涝点淹没水深、历时数据及参照内涝分级分类标准划分得到。

1.4　洪涝灾害空间分布

1.4.1　地市内涝点空间分布

空间上，江西省内涝点主要分布在山区和河道毗邻区域。由于山地丘陵众多，受季节性降水影响，暴雨洪涝灾害是江西气象灾害之首，全省境内河流纵横，湖泊密集，流域包含赣江、抚河、信江、饶河、修河五大河系，注入鄱阳湖，汇入长江，每 3 ~5 年出现一般性洪水，每 10 ~15 年出现较大洪水。受长江来水顶托或倒灌影响，鄱阳湖易发较大洪水，影响五河下泄流速，位于五河沿线的各大城市受毗邻河道洪水顶托易发内涝灾害。顶托型内涝洪涝同源、共生，多出现在暴雨时期（4 ~8 月），近年来强降雨频率呈增多趋势，顶托型内涝频发。

1.4.2　内涝空间分布成因

基于对 11 个地市的易涝点的初步核查，归纳总结内涝空间分布原因主要有以下几个方面：

（1）极端天气频发，暴雨强度有逐年增加趋势

近几年江西省极端天气频发，汛期雨水集中，短历时强降雨多，涉及范围广，是造成城市内涝的直接原因。例如 2020 年 7 月上旬赣北、赣中遭受大暴雨袭击，主要集中在饶河、修河、信江、赣江中下游等区域，累计面雨量达 300 ~500 mm。江西省降雨量高达 228 mm，其中南昌、九江、上饶、宜春、景德镇 5 市降雨量均列有记录以来第 1 位，是同期均值 4 ~6 倍。浮梁县（279 mm）、彭泽县（264 mm）最大 24 h 县平均雨量、暴雨频率均达 50 年一遇，吉州区（269 mm）最大 24 h 面平均雨量、暴雨频率超 100 年一遇，多站最

大 3 h、6 h、12 h、24 h 暴雨超 100 年一遇(图 1.1)。

(2)城镇化不断发展,低洼微地形容易致灾

随着城市的不断建设发展,水塘、湖泊、自然绿地不断减少,降低了调蓄容量,道路、建筑物等不渗水地面积不断建设增加,增加了雨水在道路上的蓄积量。雨水从路面流至管道,增加汇集量,原有的排水设施压力增大,能力不足,低洼地带的居民区、道路容易积水形成内涝。同时,城市开发建设造成众多低洼微地形,容易形成内涝灾害。例如:城市道路竖向存在不合理处,在城区施工新建设施,如地铁施工,路面改造,新建建筑比周边建筑地势高,未及时接入地下管网等情况,都是容易形成内涝的原因。各市内涝相关的城市微地形类型如表 1.2 所示。

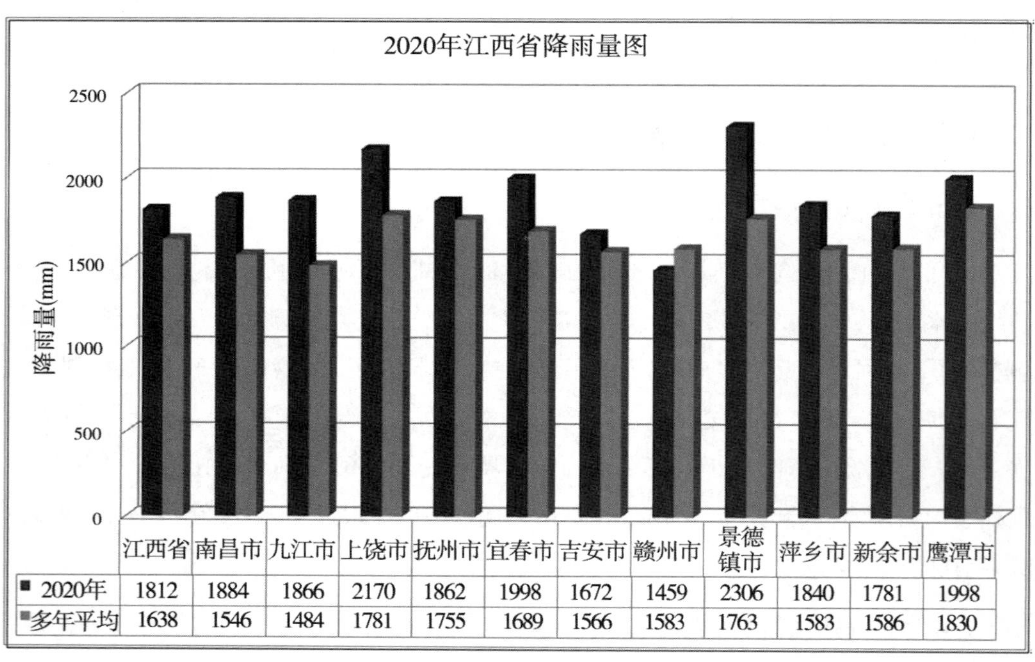

图 1.1　2020 年江西省降雨量图

表 1.2　内涝类型数量分布表

城市	内涝类型				
	城市道路	住宅小区	地下工程	沿河低洼	村落
南昌	60	18	/	/	/
九江	27	7	/	/	/
景德镇	10	/	/	44	/
萍乡	6	1	/	1	5
新余	16	1	/	/	21

续表

城市	内涝类型				
	城市道路	住宅小区	地下工程	沿河低洼	村落
鹰潭	24	/	2	17	/
赣州	6	4	/	/	/
宜春	10	2	1	1	/
上饶	21	2	/	/	/
吉安	20	26	6	/	6
抚州	14	4	/	/	/
求和	214	65	9	63	32
比例(%)	55.9	17.0	2.3	16.4	8.4

表1.2表明，江西省城市造成内涝的微地形主要有低洼的城市道路、住宅小区、地下工程和沿河低洼地区。道路、住宅小区、地下工程、沿河低洼地区和村落数量占比分别为55.9%、17%、2.3%、16.4%和8.4%。分析可知，江西省导致内涝灾害的主要微地形是低洼道路、住宅小区和沿河低洼地区。远离河道的低洼道路、住宅小区内涝成因为山区型内涝；毗邻河道的低洼道路、住宅小区内涝成因为顶托型内涝；沿河低洼地区内涝成因为顶托型内涝。

1.5　洪涝灾害风险评价体系

城市洪涝灾害防灾体系包含工程措施和非工程措施，目的是洪涝灾害兼治，山区城市兼顾山洪、泥石流防治，海滨城市兼顾风暴潮防治。工程措施包括江河堤防工程、海堤工程、河道整治和护岸工程、治涝工程、山洪治理工程和泥石流防治工程。非工程措施主要包含城市防洪排涝工程设计标准、规划布局、配套信息化系统以及防洪意识和法律法规。我国城市洪涝治理取得了很大的成就，同时洪涝治理工程与非工程措施也有提高的空间。部分文献将我国城市防洪的问题归结于防洪和排涝设计标准低、设计方法滞后、防洪和内涝工程投入不足、工程维护不到位以及体制机制和应急抢险等。同时，相关专家建议选择最佳洪涝标准，注重城市洪涝调蓄和工程质量，加强城市水文站网建设和水文观测及城市雨洪演变规律研究，做好极端雨洪事件预报等方面的工作。综上可知，城市洪涝防治已形成工程规划、设计、施工的标准和规范，同时存在预警预报能力不足、应急管理缺乏手段等一系列问题。

第2章　洪涝现代监测技术

2.1　洪涝监测目的和任务

我国自古以来就洪水频发，人口密度大的城市大都集中在易受洪涝灾害威胁的地区。洪水造成的损失大、影响范围广，随着社会经济的发展，防洪安全保障的需求也在不断提高，防洪日益成为影响可持续发展的一个重要而紧迫的问题。在新的防洪形势下，水文监测的要求也越来越高。洪涝是我国经济社会发展面临的三大水利问题之一。

洪涝灾害对生态环境的破坏是巨大的，而生态环境是人类生存和发展的根本，是经济社会发展的基础。生态保护和修复是维持河流健康生命、实现人与自然和谐相处的必然要求。目前，河道淤积、超量用水、河道断流以及植被减少、水土流失、滑坡、泥石流、干旱、洪涝等日益恶化的生态环境给经济和社会带来极大危害，严重影响了可持续发展，加剧经济社会发展的压力和引发自然灾害的发生。因此，加强生态环境的监测，为生态脆弱区、湿地等生态领域保护和修复提供决策信息，进一步提高水资源、泥沙监测信息的时效性和准确率，为水土保持、生态修复和河道治理等提供科学依据，进一步加强海水入侵的监测和研究，为维护和修复长江河口地区水生态环境提供优质服务，这些都对洪涝监测、水文监测、评价和预测预报提出了更高的新的要求。

洪涝监测是通过遥感技术对江、河、湖泊、水库、渠道、地下水以及城市内涝等水体水文要素进行实时测量，监测包括水位、流量、流速、降雨（雪）、蒸发、泥沙、冰凌、墒情等。通常是指以一定条件在江河湖海的一定地点或断面上布设水文观测站长期不间断地进行监测。

2.2　洪涝监测原理

水文观测通常是指依一定条件在江河湖海的一定地点或断面上布设水文观测站长期不间断地进行监测，并通过资料整编的方式处理数据，长期的数据监测是构建各水体的洪水数学模型的基础。

当洪涝灾害发生时，传感器获取大量洪涝监测数据，通过物联网、互联网、计算机等新技术快速、准确地收集、存储和处理水情、雨情，通过各种专业数学模型进行洪水预报和河道洪水演进，及时、准确地作出洪水流量过程的测报、预报，从而达到为抗击洪涝灾害指挥决策提供信息支持。

2.3　江河洪水现代监测技术

2.3.1　江河洪水水文监测内容

监测包括：水位、流速（流量）、降雨（雪）、蒸发、泥沙、冰凌、墒情等。

2.3.2　江河洪水监测通信手段

目前江西省水文监测中心监制开发的“江西水文信息平台”已全面推广使用，将各个领域的洪涝监测数据集成在统一运营的平台内，保证了数据的时效性、有效性、准确性、安全性。实时洪水水文数据的传输手段主要有北斗卫星、计算机网络通信、电话网等，连续进行测验的测站数据可实时传输到水文数据库和防汛部门等相关部门。

水文在线监测数据采用以网络传输为主，其他方式为辅的传输数据方式。水文站利用各种采集仪器（如水位计、雨量计）测量记录的实时水文数据，自动传输给水文站配置的远程终端。

绝大部分水文站配备的自动采集和自动传输设备可连续采集和自动传输水位、降水，部分水文站实现自动采集传输流速、流量等水文要素的变化，这些自动仪器配有太阳能电池组和蓄电池组，即使遇有大洪水和暴雨天气，在公用电话通信和动力供电设备遭到破坏的情况下，仍可采用卫星电话等应急通信手段，水文要素的采集和传输仍能正常进行。

2.3.3　水位监测

江河洪水水位计包括了浮子式水位计、压力式水位计、超声水位计、雷达水位计、电子水尺、激光水位计、视频自动监控水尺等，考虑到江河洪水往往环境复杂，部分中小河流位置偏僻、施工难度大，故水位计形式种类较多。多种形式根据适用场景适用不同的水位计，基本都能介入遥测系统内，适用无线有线双传输通道。

浮子式水位计应用比较广泛，主要分水位感应部分、水位传动部分、水位记录或水位编码器 4 个部分。优势是准确率高、结构简单、性能稳定、维护简单，缺陷是测井造价高，需要定期清淤。

压力式水位计是一种无测井水位计。通过测量水下传感器所在位置点的静水压力，从而测得该点以上的水位高度，得到水位。压力式水位计分为投入式压力水位计和气泡式水位计两个类型。压力式水位计优势是性能稳定、造价较低，缺陷是准确度不高，通气管道敷设要求较高，易受洪水影响，探头在水下安装更换不易。

雷达水位计是一种非接触式水位测流仪器，是向水面发射和接收微波脉冲，采用微波雷达技术对水位进行测流，优势是相比于超声波水位计，受温度影响小、量程大、自动化监测及探头水面无接触，缺陷是可靠性不足，易受风浪、雨滴、雪花影响导致误差大。

电子水尺是将刻度改为等距离设置的导电触点，达到一定水位淹到某一触点位置，相应的电路扫描到接触水的最高触点位置，就可判读出水位，这样的水尺称为电子水尺。

激光水位它是一种无测井的非接触式水位计。优势是精度高，稳定性好，缺陷是价格较高，易受雨雪影响，江西省应用较少。

2.3.4　降水(雪)监测

水文系统现行降水量观测包括观测降雨、降雪和降雹。现行降水量观测规范要求测记降雨、降雪、降雹的水量，需要时要测记雪深、冰雹直径、初终霜日期等。

江西省降水量的大部分以降雨形式生成，另外降雨是防汛抗旱最重要的参数，所以雨量观测仪器是最重要的降水观测仪器。一般的降雨观测仪器都使用一定大小口径(如 20 cm)的圆形承雨口承接雨水，再经不同方式计测得到降水深度(mm)即降雨量。测量雨量时，既要知道时段降雨总量，又要知道降雨过程，还可能要推算或测量降雨强度，因而要配用降雨量记录器。主要适用的降水观测仪器有翻斗式雨量器、称重式雨量计、光学雨量计。目前气象部门常用的降水监测设备为雷达测雨系统。

雷达测雨系统是一个复杂的系统，主要用于气象部门和防汛指挥系统。天气雷达间歇性地向空中发射微波脉冲，然后接收被各种气象目标散射回来的电磁回波，探测数百千米半径范围内气象目标的空间位置和特性。利用发射天线的方位和仰角确定目标物的方向，从而确定目标物的位置。利用回波的信号强弱判断气象目标的性质，利用回波的多普勒频移确定气象目标的运动速度。优势是测雨雷达能够探测数百千米范围内的天气和降雨情况，速度快、信息量大是其他任何雨量计不能与之相比较的，是大范围探测天气的先进设施，缺陷是造价高，误差较大，需用实测雨量进行校正提高精度。

翻斗式雨量计是江西省水文雨量计主要设备，主要由雨量传感器和记录仪器组成。江西省通常采用半导体固态储存记录，并由 RTU 上传。优势是结构简单、性能稳定、信号输出简单，适合实现自动化和数字化、价格低廉、维护方便，缺陷是受风、地形、仪器高度多、降雨不均匀等因素影响精度。

称重式雨量计是最新发展和应用的降水量自动监测仪器，在江西省应用少，其性能优于虹吸式雨量计和翻斗式雨量计，是世界气象组织推荐应用的降水量自动监测仪器，优势是能够记录雪、冰雹及雨雪混合降水，用以连续测量记录降雨量、降雨历时和降雨强度，可以实现自动化，连接终端，缺陷是储水器蒸发，导致记录降水负值，但不影响下一时段降水量测量。

光学雨量计在江西省应用少，其中射型光学雨量计、雨滴探测型光学雨量计；光学雨量计通过间接测量的方法测量降水量，并不需要承接降水量。光学雨量计有两种类型的产品，一种光学雨量计利用降雨（雪）液滴产生的光闪烁等原理制成，另一种光学雨量计可以测得外罩上落下的雨滴，从而测得雨量。大量产品是前一种形式，也被称为滴谱仪、优势是适应大范围降雨的强度收集，适应气温能力强，稳定可靠性高，缺陷是价格昂贵、精度低。

雨雪量计由于江西省气候条件所以应用少。雨量、雪量都可以测量的仪器称为雨雪量计，只用于雪量测量的称为雪量计。按融雪方式不同雨雪量计可分为加热式、不冻液式。按降水量测量方式不同，雨雪量计可分为称重式、翻斗式、压力式、光学式等主要类型。单纯的雪量计以称重式、雪探测量式为主。

雪量计由于江西省气候条件所以应用少。对降雪的观测中，一部分是对积雪的观测，包括积雪深和积雪雪压。单纯的雪量计以称重式、雪深测量式为主。

2.3.5　洪涝流速（量）监测

（1）流速（量）监测的原理

现代流量测验方法分为流速面积法、水力学法、化学法（稀释法）和直接法。其中江河洪水流量监测主要采用流速面积法。

流速面积法。流速面积法是通过实测断面上的流速和过水断面面积来推求流量的一种方法，此法应用最为广泛。根据测定流速采用的方法不同，又可分为流速仪测流法（简称流速仪法）、测量表面流速的流速面积法、测量剖面流速的流速面积法、测量整个断面平均流速的流速面积法。其中，流速仪面积法是指用流速仪测量断面上一定测点流速，推算断面流速分布，目前使用最多的是机械流速仪，也可以使用电磁流速仪、多普勒点流速仪。

水力学法。测量水力因素，选用适当的水力学公式计算出流量的方法，叫水力学测流法。水力学法又分为量水建筑物测流、水工建筑物测流和比降面积法。其中量水建筑物测流又包括量水堰、量水槽和量水池等方法，水工建筑物又分为堰、闸、洞（涵）、水电站和泵站等。

化学法。化学法又称为稀释法或示踪法，该法是根据物质不灭原理，选择一种适合于该水流的示踪剂，在测验河段的上断面将已知一定浓度的指示剂注入河水中，在下游取样断面测定稀释后的示踪剂浓度或稀释比，经水流扩散充分混合后稀释的浓度与水流的流量成反比，由此可推算出流量。

直接法。直接法是指直接测量流过某断面水体的容积（体积）或重量的方法，又可分为容积法（体积法）和重量法。直接法精度较高，但不适用于较大的流量测验，只适用于流量极小的山涧小沟和实验室测流。

目前全世界最常用的方法是流速面积法，其中流速仪法被认为是精度较高的方法，是各种流量测验方法的基准方法，应用也最广泛。当满足水深、流速、测验设施设备等条件，测流时机允许时，应尽可能首选流速仪法。在必要时，也可以多种方法联合使用，以适应不同河床和水流的条件。

（2）流速（流量）现代流速仪

转子式流速仪是根据水流对流速仪转子的动量传递而进行工作的。优势是测量精度较准，但在应对江河洪水灾害时，流量测验时量程较短，需要人工操作费时费力。

声学流速仪又叫多普勒流速仪，是利用声波在水中的传播来测量水中各点或某一剖面的水流速度。水文测验中常用声学多普勒原理和时差法原理制造声学流速仪。声学多普勒流速仪无转动部分，不受水草缠绕的影响，其探头较小，便于浅水测量使用。测量速度快，对水流干扰小，可自动测量长期记录某点流速。但该仪测量器受含沙量影响较大，含沙量大时仪器无法使用，目前仪器价格远高于转子式流速仪。

电波流速仪工作原理是工作时电波流速仪发射的微波斜向射到需要测速的水面上。由于有一定斜度，所以除部分微波能量被水吸收外，一部分会折射或散射损失掉。但总有一小部分微波被水面波浪的迎波面反射回来，产生的多普勒频移信息被仪器的天线接收。测出反射信号和发射信号的频率差，就可以计算出水面流速，实际测到的是波浪的流速。

电磁流速仪是基于法拉第电磁感应定律研制而成的，可用来测量包括天然水在内的多种导电液体的流速。用于河流断面流速测量时，需要产生一个很大的磁场。由于地球磁场太弱，又受方向性限制，难以应用。因此需要人工产生磁场，江西省应用较少，优势是测速很快，无可动部件，可以长期自动工作；缺陷是需要水体具有一定导电性，适应性差。

2.3.6　泥沙监测

表征河流沙情的指标是含沙量。一方面，江河水流挟带的泥沙会造成河床游移变迁和水库、湖泊和渠道的淤积，给防洪和灌溉、航运等带来影响。另一方面，用挟沙的水流淤灌农田能改良土壤。因此，进行流域规划、水库闸坝设计、防洪、河道治理、灌溉放淤、城市供水和水利工程管理运用等工作，都需要掌握泥沙资料。

2.3.7　蒸发监测

水面蒸发量是表征一个地区蒸发能力的参数。陆面蒸发量是指当地降水量中通过陆面表面土壤蒸发和植物散发以及水体蒸发而消耗的总水量，这部分水量也是当地降水形成的土壤水补给通量。

江西省蒸发监测主要采用 E601 型标准水面蒸发器和漂浮水面 E601 型标准水面蒸发器以及 FFZ－01Z 数字蒸发站实现了蒸发全自动量测。

2.3.8　地下水和墒情监测

地下水水位和墒情监测也是洪涝灾害影响重要指标之一。江西省地下水水位自动测量的主要仪器是浮子式水位计和压力式水位计两种类型。江西省墒情现代监测主要采用的自动测量电阻法。

2.4　山洪现代监测技术

江西是一个多山多雨的省份，由于山丘区居住的人口数量多、密度大、分布广，以及典型的季风气候导致的降雨时空分布不均和复杂的地形地质因素等，每年汛期随着暴雨等因素，极易形成山洪、泥石流。山洪、泥石流地质灾害具有突然性以及流速快、流量大、物质容量大和破坏力强等特点。一旦发生，将给国民经济和人民生命财产造成严重危害。

山洪现代监测技术就是由水雨情监测系统实时监视水雨情状况，查询统计出雨水情信息之后由数据汇集系统提供实时天气预报、实时雨量信息等气象信息，滑坡、泥石流等隐患点基本信息及监测信息，并结合群测群防监测到的水雨情信息进行汇集统计，中心预警系统经过判断后将危险信息传于预警系统，最后预警系统将信息通过无线网络发布，由 LED 显示屏进行实时显示，预警广播终端进行紧急预警，民众在看到或者听到预警信息后及时进行预防或者撤离，发生重大灾情时，由会商系统决策、发布紧急救灾措施，并进行救灾物资等物品的调配。

建设“水库在线监测、水库监控方案、现代监测手段”，实现水雨情信息实时采集和动态监管、建立数据共享和交换机制、大幅提高险情应急管理水平，是防汛、水文监测、水库管理部门共同努力的方向。

2.5　湖库现代监测技术

水库是防洪广泛采用的工程措施之一。在防洪区上游河道适当位置兴建能调蓄洪水的综合利用水库，利用水库库容拦蓄洪水，削减进入下游河道的洪峰流量，达到减免洪水灾害的目的。水库对洪水的调节作用有两种不同方式，一种起滞洪作用，另一种起蓄洪作用。

在溢洪道未设闸门的情况下，在水库管理运用阶段，如果能在汛期前用水，将水库水位降到水库限制水位，水库限制水位低于溢洪道堰顶高程，则限制水位至溢洪道堰顶高程之间的库容，就能起到蓄洪作用。蓄在水库的一部分洪水可在枯水期有计划地用于兴利需要。当溢洪道设有闸门时，水库就能在更大程度上起到蓄洪作用，水库可以通过改变闸门开启度来调节下泄流量的大小。由于有闸门控制，所以这类水库防洪限制水位可以高出溢洪道堰顶，并在泄洪过程中随时调节闸门开启度来控制下泄流量，具有滞洪和蓄洪双重作用。

2.5.1　大中型湖库大坝主要监测技术

水库安全监测系统能实现全天候远程自动监测，用各种传感器使用监测站数据记录仪实现自动监测，并且进入相关数据库。同样，监测系统也具备人工观测条件，观测人员可携带读数仪或笔记本电脑到各监测站读取数据。水库远程监测系统可以记录下监测对象完整的数据变化过程，并且借助光纤网络数传系统实时得到数据，同时将数据传送到网络覆盖范围内的任何需要这些数据的部门，非网络覆盖范围内可通过无线基站、全球移动通信系统、北斗等实现远程数据无线传输。

①坝体表面位移监测：在坝体表面部署北斗高精度卫星定位系统，监测坝体的表面位移和沉降情况；

②坝体深部位移监测：运用垂直测斜孔，在测斜孔的不同深度部位部署导轮式测斜仪的方式，监测坝体内部的倾斜和位移情况；

③坝体浸润线监测：在坝体不同深部部署渗压（水位）计的方式，监测坝体内部的渗流渗压情况；

④库区水位监测：在库区相应位置部署水位计的方式，实时监测库区水位变化情况，水位计形式参考上文；

⑤库区进出口流速（流量）监测：在库区进出口位置部署流量计的方式，监测进出口水位的流速流量，流量计形式参考上文；

⑥气象监测：在水库区域部署监测站，监测温度、湿度、压力、风向、风速、雨量等常规六项气象数据；

⑦视频监控：实时查看坝体、库区等位置的视频，并将视频影像进行一定时段的存储。

2.5.2　小中型水库主要监测技术

①库区水位监测：通过在库区相应位置部署水位计的方式，实时监测库区水位变化情况；

②库区进出口流速（流量）监测：通过在库区进出口位置部署流量计的方式，监测进出口水位的流速流量；

③气象监测：在库区部署雨量站监测。

2.6　城市内涝现代监测技术

城市内涝（积水）监测系统包含道桥积水监测、窨井水位监测、雨污水泵站监控、城市河道水位监测，监控中心通过监测预警平台软件实时掌握低洼路段积水情况和排水现状。市政管理部门可根据监测结果及时采取防汛排涝措施，达到预警、减灾的目的。

随着经济社会的发展，我国步入城镇化快速发展阶段，在全球气候变化和快速城镇化的背景下，现阶段城市排水系统建设仍然不完善。所以为了更好地建设“海绵城市”，减少城市洪涝灾害。江西省迫切地需要加强雷达测雨、卫星遥感、地面观测等多源信息的同化分析和应用，建立城市立体化监测、预报预警和实时调度系统，为城市洪涝灾害的科学决策与调度提供支撑，具体现代监测技术手段有：

（1）来水水文监测

在空中、地表和地下管网，部署测雨雷达、翻斗式或称重式雨量计、雷达水位计、电波流速仪、声光报警器（可选）、图像/视频监控传感器、遥测终端机和电源系统等，实时测量空中雨量、地表实际降雨量、监控区域实际液位、地下排水管网运行情况等信息，并可通过视频/图像抓拍进行状态确认。主要布设场景分别是：隧道、下穿桥下、立交桥下、低洼路段、城市河道。

(2)城市排水监测

根据测点积水水位和降水量,自动控制排水泵组的启停,实时监测水泵组设备运行状态。监测排水管网的窨井水位和流量,预防排水不畅导致积水成灾。

(3)通信手段和监控平台

光纤、5G、4G、3G、2G 多种通信方式可选,通信服务层主要是实现内涝监测设备数据的汇集与数据管理。监控平台功能主要有积水数据展示图、现场视频图像、预设报警阈值、报警接收人设置、设备故障报警。

2.7 河道水沙现代监测技术

悬移质泥沙颗粒级配分析是江西省洪涝监测工作的一项重要内容,是定性、定量研究河流泥沙颗粒大小分布及水沙运动规律的主要手段。泥沙颗粒级配是涉水工程建设、江河整治、防治水土流失、维持河势稳定、维护生态平衡等工作不可或缺的重要基础资料。

2.7.1 悬移质泥沙测验方法

常用的悬移质泥沙测验方法有两种,即直接测量法和间接测量法。

直接测量法。在一个测点 Q 上,用一台仪器直接测得瞬时悬移质输沙率,要求水流不受扰动,仪器进口流速等于或接近天然流速。

间接测量法。在一个测点上,分别用测沙、测速仪器同时进行时段平均含沙量和时段平均流速的测量,两者乘积是测点时段平均输沙率。

2.7.2 悬移质泥沙测验仪器

常规悬移质泥沙测验仪器分采样器和测沙仪两大类。采样器是现场取得沙样的仪器,然后通过处理和分析,计算出含沙量,而测沙仪则是在现场可直接测含沙量的仪器。

2.7.2.1 常规悬移质泥沙测验

采样器。采样器又分为瞬时式和积时式两种。常规悬移质泥沙测验步骤繁多、时效性较差、重复性不好,且其分析范围有限,已达不到水利部关于颗粒分析精度的新要求。

瞬时式采样器。瞬时式采样器因其承水桶放置形式不同,又分为竖式和横式两种。目前在河流中使用的都是横式放置,又称横式采样器。横式采样器又分拉式、锤击式和遥控横式。在水库等大水深小流速的水域测验时,采用竖式设置的采样器。瞬时式采样器结构简单、工作可靠、操作方便,能在极短时间采集到泥沙水样,提高了采样速度,但因采集水样时间短，不能克服泥沙脉动的影响，所取水样代表性差，为克服这一缺陷，往往需要连续在同一测点多次取样，取用平均值作为该点的含沙量。因此劳动强度也相对较大。

积时式采样器。积时式采样器有很多种，按工作原理可分为瓶式、调压式、皮囊式；按测验方法分为积点式、双程积深式、单程积深式；按结构形式可分为单舱式、多舱式；按仪器重量又可分为手持式（几千克重）、悬挂运载式（数百千克重）等多种；按控制口门开关方式分为有机械控制阀门与电控阀门，电控阀门又分为有线控制与缆道无线控制等。

测沙仪。测沙仪一般具有直接测量、自记功能，可现场实时得到含沙量。根据其测量原理，测沙仪又分为光电测沙仪、超声波测沙仪、振动式测沙仪、同位素测沙仪等。

光电测沙仪。平行光束通过浑浊的液体时，光线经过一段距离后光强度会有一定程度的减弱，光电测沙仪就是利用光强度衰减测量测得浊度，从而测得水中含沙量。

超声波测沙仪。超声波测沙仪的工作原理和光电测沙仪的工作原理相类似，不同的是超声波测沙仪发射的是超声波。超声波在水中传播时，波的能量将不断衰减，体现在其振幅将随传播距离而有规律地减小。这样，只需仪器能测得超声波在水中传输距离后的衰减量，就可以得出水中的泥沙含量。

振动式测沙仪。振动式悬移质测沙仪是利用传感器内振动管的不同振动周期代表被测水体的不同含沙量。

同位素测沙仪。同位素测沙仪是利用射线通过物质时的能量衰减原理测量被测物质的密度来测量含沙量。

2.7.2.2 现场悬移质泥沙测验

传统的泥沙测验方法，一般以采样器取样，然后通过处理分析称重，最终获得含沙量。由于不能现场测得含沙量，使得泥沙测验工作量大、分析周期长、工作效率低，在一定程度上影响了水文测验方式的变革。随着科学技术的不断进步，国际上悬移质泥沙测验技术也取得了一些新的进展，推出了一批具备现场快速测验和实时在线监测功能的新仪器，但是否适用我国的河流泥沙特点，目前还在实验研究阶段。

（1）声学多普勒测沙技术

声学多普勒流速剖面仪是根据声波的多普勒效应制造的用于水流流速测量的专业声学仪器设备。当声学多普勒流速剖面仪向水中发射固定频率的声波短脉冲遇到水体中散射体时将发生散射，由于散射体会随着水流发生运动，因此声学多普勒流速剖面仪接收到的被散射体反射声波会产生多普勒频移效应，声学多普勒流速剖面仪通过对比发射的声波频率和接收到散射后的声波频率，就可以计算出声学多普勒流速剖面仪和散射体之间的相对运动速度。

声学多普勒流速剖面仪原本不具备直接测量含沙量的功能，但声学多普勒流速剖面仪后散射信号强度的大小与含沙量密切相关，率定其与含沙量的关系，可计算出垂线平均含沙量或断面输沙率，因而可以用声学多普勒流速剖面仪进行测沙。

(2)光学散射测沙

浊度和含沙量都是水样中泥沙的物理特性，其间如果客观存在某一稳定的关系，通过测量水样的浊度就可以测量水样的含沙量。浊度测量的是水体的澄清度。不透明的水体浊度高，干净透明的水体浊度低。泥沙、黏土、微生物和有机物等都会导致水体高浊度。因此，浊度测量不是直接测量颗粒本身，而是测量这些颗粒如何折射光。

光学散射浊度仪具有较好的适宜性和精度，使用浊度推算含沙量的方法具有时效性强、精度较高的特点。

(3)光学后向散射测沙

光学后向散射浊度计的核心是一个红外光学传感器，通过接收红外辐射光的散射量监测悬浮物质，然后进行水体浊度与泥沙浓度的转化得到泥沙含量。

由于0BS－3A浊度计散射接收强度对泥沙浓度粒径较为敏感，不同水沙测试环境具有不同的浊度值与含沙量关系。即使同一水沙测试环境，如仪器型号不同，也有着不同的浊度值与含沙量关系，两者之间的相关关系非常复杂且随机性大。另外，受泥沙、气泡、有机质、颗粒的形状(球状、线状等)、颜色等诸多因素的影响，确定(或率定)一个稳定而通用的水体浊度与泥沙浓度标准关系式，实际上是非常困难的。因此，在实际应用中，要不定期对其关系曲线进行检验或校正；否则，推算结果可能偏差较大。

(4)激光衍射测沙

激光衍射法主要用于测量粒度大小，即当光束遇到颗粒阻挡时，一部分光将发生散射现象。散射光的传播方向将与主光束的传播方向形成一个夹角 *O*。散射角 *O* 的大小与颗粒的大小有关，颗粒越大，产生的散射光的。角就越小颗粒越小，产生的散射光的 *e* 角就越大。

为了有效地测量不同角度上的散射光的光强，需要运用光学手段对散射光进行处理。在所示的光束中的适当的位置上放置一个透镜，在该透镜的后焦平面上放置一组多元光电探测器，这样不同角度的散射光通过透镜就会照射到多元光电探测器上，将这些包含粒度分布信息的光信号转换成电信号并传输到电脑中，通过专用软件对这些信号进行处理，就能准确地得到所测试样品的粒度分布。

2.7.3　推移质泥沙监测

江西省河道推移质含量低，监测场景应用少。由于推移质泥沙颗粒较粗，其中部分泥沙处在河流底部，一旦淤积沉淀就难以再启动悬浮，这部分泥沙常常淤塞水库、灌渠及河道，不易冲走。它是参与河道冲淤变化泥沙的重要组成部分，对水利工程的管理运用、防洪航运等影响很大。部分粗颗粒的推移质通过泄水建筑物向下游排泄时，又会引起水轮机和建筑物的严重磨损。为了研究和掌握推移质运动规律，为修建港口、保护河道、兴建水利工程、大型水库闸坝设计和管理等提供依据，为验证水工物理模型与推移质理论公式提供分析资料，因此，开展推移质测验具有重要意义。

2.8　洪涝现代监测技术问题和挑战

监测自动化程度不高。截至目前由于监测设备条件和技术水平的限制，仍有部分洪涝监测项目采用传统常规仪器与测验手段开展水文巡测甚至需要驻测，需要大量人力物力，才能达到监测要求，满足防止洪涝灾害的技术需求。

监测方案不完善（如水文应急监测问题）。目前江西省所有水文站都制定了超标准洪水应急监测方案，但制定时间尚短，缺乏广泛实践认知应用的机会。同时，大部分监测方案，自动化程度相对不足，仍有提升改进空间。受洪水涨落过程等多方因素的综合影响，水文测站水位—流量关系线复杂，水文—流量关系单值化技术工作开展太晚，方案不够完善，导致了水文监测体系的停滞不前。

监测技术水平不高。大量现代监测技术都有长远的目标规划。但目前为止许多现代仪器设备传感器的测验精度、可靠性不高，集成能力也不足。

第3章 洪涝过程模拟技术

3.1 洪涝模拟原理

3.1.1 内涝数据调查整理

根据《江西省水文监测中心关于开展城乡低洼地段和易涝点核查工作的通知》文件精神，为摸清江西省内涝点实际情况，7个流域中心成立了工作领导小组，组成了工作小组。工作组由分管水情的中心领导牵头，协调和督促城乡低洼地段和易涝点核查工作，研究制定相关技术要求和实施方案。

工作小组基于江西省住房和城乡建设厅提供的《江西省城乡低洼地段和易涝点基本情况统计表》的具体名录，增加调查了未在名录名单但实际发生过灾害的易涝点，以期全面分析江西省城乡内涝规律和原因，构建内涝动态监测和预警预报系统。工作小组组织调查易涝点的具体位置、易涝点城市内涝灾害发生历史频次、易涝点城市内涝灾害发生时间、易涝点内涝灾害淹没水深、易涝点内涝灾害淹没范围、易涝点内涝灾害排干时间等灾害基本情况，深入了解内涝类型、积水产生的原因和相关应急处理措施。在城乡低洼地段和易涝点实地调查中，项目组采用RTK测量易涝点经纬度、高程，采用工程相机记录内涝点受淹、现场测量照片、洪痕等灾害数据，匹配附近的关联(参证)水文(雨量)站，调查易涝点内涝灾害的关联雨量。核查易涝点，名录中原有易涝点426处，易涝点有4处重复，新增调查易涝点32处，实际调查易涝点454处。具体信息见表3.1。

表 3.1　江西省城乡低洼地段和易涝点数量分布

地市	原易涝点数量/处	核查易涝点数量/处	备注
南昌	78	85	7 处调查前已解决,新增 7 处
九江	31	34	其中 1 处地点重复,新增 4 处
景德镇	87	92	新增 5 处,排除易涝点 38 处,核查出城市易涝点 10 处,沿河低洼地段 44 处
萍乡	12	13	新增 1 处
新余	32	38	新增 6 处
鹰潭	39	44	新增 5 处,3 处已改造
赣州	11	11	无
宜春	14	14	6 处已改造
上饶	25	24	1 处地点重复,1 处已改造
吉安	79	78	其中 2 处地点重复,新增 1 处,核查 3 处已解决,15 处无积水,2 处拆迁改造中
抚州	18	21	新增 3 处,排除 3 处易涝点
共计	426	454	/

3.1.2　基于实地调查的易涝点内涝灾害模拟原理

本章易涝点内涝灾害模拟主要步骤包含易涝点矢量范围提取、易涝点气象水文和地理信息识别、易涝点内涝灾害预测模型构建及率定、基于情景模拟易涝点内涝预警雨量的确定。

城市洪涝灾害分级预警指标和系统是开展内涝应急管理的重要手段和前提。以江西省城市易涝点为研究区,提取山区、平原内涝点集水区;现场调查易涝点积水深度、范围和历时,对研究区内涝灾害等级进行划分;提取集水区范围内内涝灾害关联的环境要素,构建灾害基础信息数据库;以内涝点出现一般内涝或者严重内涝为条件,确定内涝灾害出现时的雨量,作为该内涝点一般内涝或者严重内涝的预警指标。对接实时降雨数据及气象精细化的短临预报降雨数据,通过内涝预警模型模拟出的内涝临界雨量,实时自动分析报警,在每一个情景点,将 1 h、3 h、6 h 关联雨量作为预报因子,带入预警模型,预报内涝等级,直至所有内涝点出现内涝为止,见图 3.1。

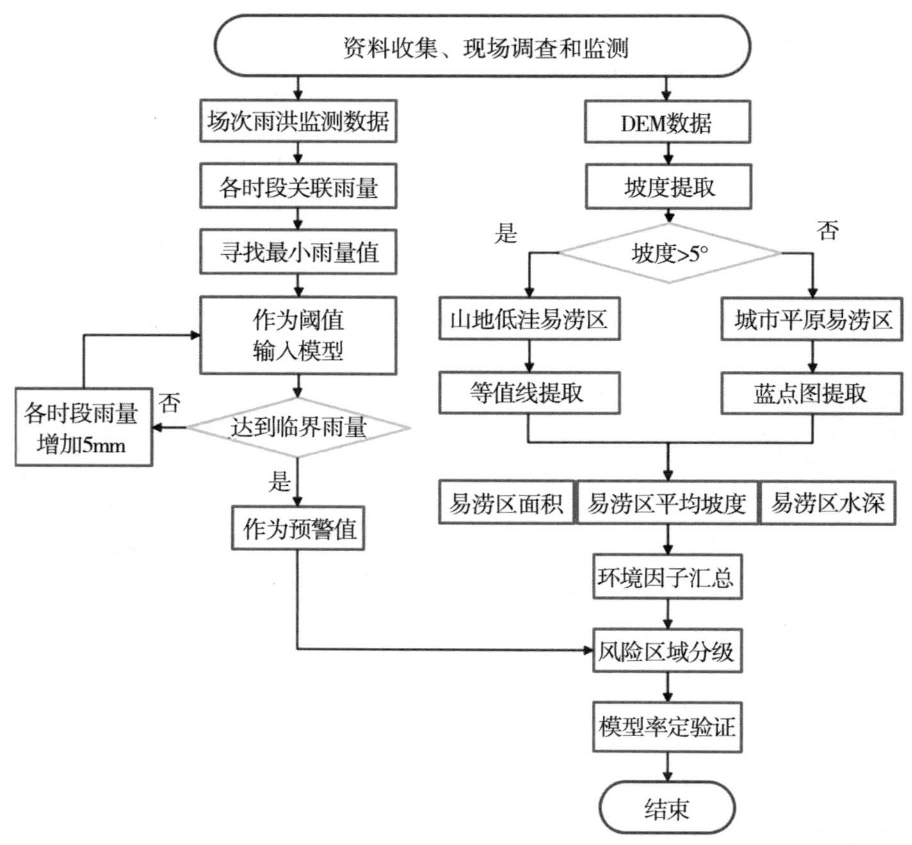

图 3.1　内涝预警系统流程图

3.2　洪涝模拟算法

3.2.1　易涝点矢量范围提取

随着信息感知、处理和模拟技术的成熟，将城市雨洪模拟与现代监测预警技术相结合，构建精细化洪涝模型，模拟淹没水深及分布的技术在北京、武汉等城市中得到了广泛的应用，但分布式水文或水动力模型需要海量、系统的气象、水文、地理信息数据，不透水区域面积对径流敏感但缺乏深入研究，模型中不同下垫面产流计算困难，地下排水管网分布复杂需概化处理，难以在大范围推广，间接导致城市防灾能力并未随着“海绵城市”的建设和精细化模型的研究而提升。运用高程数据并结合等值线法和蓝点图法，可对现场调查数据进行快速融合和反馈，快速提取易涝区范围及面积，较好地弥补分布式模型大范围应用的不足，并且参数具有较好的可操作性，与计算机临近算法结合能快速开展城市雨洪模拟。

江西省常态地貌类型以山地、丘陵为主，山地占江西省面积的36%，丘陵占42%，根据工作小组的调查统计，有42%的内涝点是由势原因所引起的。为更好地区分不同环境下的积水状况，需要对山区和平原用不同方法划分集水区。

山区地形复杂，坡度陡峭，高程落差大，雨水容易汇积于山谷，因此山区易涝区主要集中在山谷坡度较平坦的地方，可用等值线法，根据DEM数据，划定高程相近，坡度较为平缓的区域，即为山区丘陵集水区。而城市平原集水区大多毗邻河道，又由于江西河网众多，等值线法仅能提取河道周围的集水区，无法精细化识别道路积水、排水不畅所引起的内涝，蓝点图法可以弥补等值线法在平原区应用的劣势，有效识别地面洼地，找到潜在危险区。

(1)丘陵区内涝集水区划分

丘陵以及山区内涝区用等高线法提取。等高线是一种呈现表面的有效形式，它们可同时呈现出平坦的和陡峭的区域(等值线间的距离)以及山脊和山谷，在识别山区易涝区时较其他方法有明显优势。本研究基于江西省DEM数据，提取坡度在5°以上区域的坡度栅格数据。因此将5°以上的区域标识为1,5°以下的区域标识为0。将坡度等级标识栅格数据和DEM数据进行矩阵相乘，形成内涝地形因子栅格数据。基于内涝地形因子栅格数据，绘制因子等值线。等值线数值等于0的连线即为山区易涝点集水区。

(2)平原区内涝集水区的划分

平原内涝区用蓝点图提取，原理是用两种不同 z 限制值提取出洼地，再将这两个图层相减得到初步的蓝点图。z 限制指定凹陷点深度和倾泻点间的最大允许差值并确定要填充的凹陷点和保持不变的凹陷点，取值为1和5。为了更全面地了解雨水在何处滞留并形成积水，需要引入过滤器，根据计算消除最小的无意义蓝点，保留面积更大水深更深的蓝点，将过滤后的蓝点区域合并得到最终的蓝点图。蓝点图的绘制步骤总结为：

①在ArcGIS中导入江西省DEM数据，使用“填洼”工具，将 z 限制值设置为1，把低于DEM垂直分辨率的凹陷点移除；

②把 z 限制值设定为5，再次使用“填洼”工具；

③用步骤②中的填洼的栅格数据减步骤①的栅格数据，得到蓝点深度图层；

④运用“条件函数”工具，将蓝点深度图层中栅格值大于0的赋值为1，等于0的设为NoData，得到初步的蓝点图层；

⑤使用“区域合并”工具，将初步的蓝点图层按区域合并，并将合并的栅格数据转换为面要素；

⑥最后使用“融合”工具，将面要素融合为蓝点图，图中的蓝色区域即为平原区易

涝区。

3.2.2 涝点气象水文和地理信息识别

基于空间分辨率为 30 m 的 DEM 数据,用等值线法和蓝点图法分别提取山区和平原集水区,并将处理完成的山区和平原集水区合并。但是合并的这些区域不代表一定会发生内涝,因此用这些易涝区与水文监测中心提供的易涝点联合,只保留易涝点所对应的易涝区,在易涝区矢量图后增加面积字段,存储每个内涝区域面积。

以内涝点集水区为空间边界,采用 ArcGIS 软件中的 Slope 工具提取各内涝点集水区范围内坡度栅格数据。基于各内涝点集水区平均坡度、面积(表 3.2)、关联雨量站 1 h、3 h、6 h 雨量(表 3.3),构建内涝等级预报因子基础信息数据库。选取地市各内涝点等级数据,构建内涝等级实测因子基础信息数据库。

表 3.2　各市平均坡度与平均内涝面积

城市	平均坡度/°	平均内涝面积/m^2
萍乡	2.8	7000
南昌	3.0	103851
上饶	17.5	55342
九江	24.1	13459
抚州	24.5	10064
景德镇	24.6	28326
新余	24.8	43787
鹰潭	25.3	18878
吉安	25.6	41984
宜春	29.1	51085
赣州	35.1	8499

表 3.3　各地市内涝灾害关联雨量

城市	关联雨量/mm		
	1 h	3 h	6 h
南昌	20 ~ 35	45 ~ 60	60 ~ 80
九江	30	50	80 ~ 91
景德镇	30 ~ 40	50 ~ 60	70 ~ 80
萍乡	23.5 ~ 27.5	49.5 ~ 52.0	75.5 ~ 88.5
新余	17.5 ~ 22.5	31.5 ~ 45.0	52 ~ 70

续表

城市	关联雨量/mm		
	1 h	3 h	6 h
鹰潭	21 ~ 65	56 ~ 115	77 ~ 170
赣州	16. 5 ~ 39. 5	24. 5 ~ 69. 0	25 ~ 74. 5
宜春	28. 5	56	78
上饶	32 ~ 52	60 ~ 104	91 ~ 138
吉安	20 ~ 40	50 ~ 120	80 ~ 178
抚州	50 ~ 60	80 ~ 90	100 ~ 120

3. 2. 3　易涝点内涝灾害预测模型构建及率定

对内涝基础信息数据库进行审查，剔除重复和明显错误的内涝点，剩余 383 个内涝点，按照《江西省城市内涝治理系统化实施方案》中内涝风险等级划分标准，得到江西省各城市易涝点风险等级，结果如表 3. 4 所示。

表 3. 4　江西省各城市易涝点内涝等级

城市	严重内涝	轻微内涝	内涝积水	易涝点总数
南昌	29	24	25	78
九江	17	13	4	34
景德镇	50	4	0	54
萍乡	13	0	0	13
新余	25	8	5	38
鹰潭	34	5	4	43
赣州	8	2	0	10
宜春	11	3	0	14
上饶	8	12	3	23
吉安	27	18	13	58
抚州	6	6	6	18
总计	228	95	60	383

以383个内涝点内涝等级预报因子基础信息数据库为输入，以这些点内涝等级实测因子基础信息数据库为输出，采用Matlab软件中Classification learner中的Decision Trees（Complex Tree、Medium Tree、Simple Tree）、Discrimination analysis（Linear Discrimination analysis、Quadratic Discrimination analysis）、Support Vector Machines（Linear Support Vector Machines、Quadratic Support Vector Machines、Cubic Support Vector Machines、Fine Support Vector Machines、Medium Support Vector Machines、Coarse Support Vector Machines）、Nearest Neighbor Classifiers（Fine Nearest Neighbor Classifiers、Medium Nearest Neighbor Classifiers、Coarse Nearest Neighbor Classifiers、Cosine Nearest Neighbor Classifiers、Cubic Nearest Neighbor Classifiers、Weighted Nearest Neighbor Classifiers）等方法，构建预报和实测因子间关系，作为内涝等级预报模型。计算不同模型对内涝等级的预报准确率，截取准确率80%以上的模型作为优选模型。经筛选，Gauss svm模型和Fine Knn模型预报准确率较高。

（1）Gauss svm模型

SVM（支持向量机）是一种机器学习算法，通过对数据的训练进行学习和预测，对数据进行分类或回归。原理是选择最接近分类数据的数据点，通过这些数据点找到区分这两个类数据的超平面，为接下来预测点划分其所属区域，预测结果的精度取决于内核的值和所使用的参数见式3.1至式3.9。

准备m个可分类的训练样本，$S=\{x_i,t_i\}=1.2\cdots\cdots m$，其中$x_i \in R^{\cdot} x_i$为第$i$个训练向量，$t_i=\{-1,1\}$为类标签，求解能够正确划分训练数据集并且几何间隔最大的分离超平面，分离超平面表示为：

$$w^T x+b=0 \quad （式3.1）$$

$$w^T x+b \geqslant 0 \qquad t_i=+1 \quad （式3.2）$$

$$w^t x+b<0 \qquad t_i=-1 \quad （式3.3）$$

其中w为权向量，x为输入向量，b为偏差。

求超平面之间的最大距离，可以写成这样的形式

$$t_i(w \cdot x_i+b) \geqslant 1 \qquad 1 \leqslant i \leqslant m \quad （式3.4）$$

为应对没有错误分类或错误的情况下无法分离的数据集，引入和“软间隔”支持向量机，允许某些点不满足式。

把$w=w_1,w_2\cdots\cdots w_l$作为数据集，则$w_i=(x_i,y_i)$，$i=1,2,\cdots\cdots m$，$y \in \{1,2,\cdots\cdots n\}$，$x_i$是预测分类向量，$y_i$是分类结果。采用hinge损失求解支持向量机的目标函数为：

$$\min_{\vec{w},b\zeta} \frac{1}{2}(w^T w) + c\sum_{i=1}^{l}\xi_i \qquad \text{（式 3.5）}$$

$$t_i(w^T\phi(x_i) + b) \geqslant 1 - \xi_i \qquad \xi_i \geqslant 0, i = 1, \cdots\cdots l \qquad \text{（式 3.6）}$$

C 是惩罚参数，以控制大边界和分类错误之间的权衡。ζ_i 为“松弛变量”，$\zeta_i = \max(0, 1 - y_i(wx_i + b))$ 即一个 hinge 损失函数。

在非线性分类中，用核函数 $K(x,z)$ 替换实例和实例之间的内积，则存在一个从输入空间到特征空间的映射 $\phi(x)$，对于任意输入空间中的 x,z，有：

$$K(x,z) = \phi(x) \cdot \phi(z) \qquad \text{（式 3.7）}$$

由式 3.2 可知，b 是标量，W 是 p 维向量。向量 W 表示与分离超平面的垂直。通过添加参数 b，我们可以增加边界。最优 w 满足 $w = t_i\alpha_i\phi(x_i)$

分类决策函数：

$$f(x) = \operatorname{sgn}\left(\sum_{i=1}^{l} t_i\alpha_i K(x_i, x) + b\right) \qquad \text{（式 3.8）}$$

Gauss svm 的核函数：

$$K(x,z) = \exp - \frac{||x - z||^2}{2\sigma^2} \qquad \text{（式 3.9）}$$

（2）Fine Knn 模型

KNN 是数据挖掘分类技术中最简单的方法之一。具体的算法原理就是先找到与待分类值 A 距离最近的 K 个值，然后判断这 K 个值中大部分都属于哪一类，那么待分类值 A 就属于哪一类。该方法默认每个样本具有相同的权重，并且每个样本只有一个类，然而实际情况并非如此。在模型算法中，每个样本都属于多个隶属度不同的类，不再只属于一个类。

对于训练样本，其对每个类的隶属度由式 3.10 计算：

$$u_{ij} = \begin{cases} 0.51 + (\frac{n_j}{K} * 0.49, j = y_i) \\ (\frac{n_j}{K}) * 0.49, j \neq y_i \end{cases} \qquad \text{（式 3.10）}$$

其中 $i = 1,2,3\cdots N$，表示第 i 个训练样本，N 表示训练样本总数。$j = 1,2,3\cdots M$，表示第 j 类，M 表示类的数量。u_{ij} 表示第 i 个样本到第 j 个类的成员度。K 表示预设的最近邻居的数量，y_j 表示第 i 个训练样本的类别，n_j 表示与第 i 个训练样本最接近的 K 个邻居中属于第 j 类的邻居数量。注意，隶属度应满足式 3.11 至式 3.13：

$$\sum_{j=1}^{M} u_{ij} = 1 \qquad \text{（式 3.11）}$$

$$0 < \sum_{i=1}^{N} u_{ij} < N \quad \text{（式 3.12）}$$

$$u_{ij} \in [0,1] \quad \text{（式 3.13）}$$

对于测试样本，根据式 3.14 计算其对各类别的隶属度：

$$u_j(x) = \frac{\sum_{k=1}^{k} u_{I_k j}(x - x_{I_k})^{\frac{2}{m-1}}}{\sum_{k=1}^{k}(x - x_{I_k})^{\frac{2}{m-1}}} \quad \text{（式 3.14）}$$

其中 j 和 k 的含义与式 3.10 相同。x 表示测试样本，$u_j(x)$ 表示测试样本对第 j 类的隶属度。$k=1,2,\cdots k$，表示测试样本的第 k 个最近邻，I_k 表示训练样本中第 k 个最近邻对应的第 i 个指标，$u_{I_k j}$ 为式 3.10 计算的隶属度，x_{I_k} 表示距离度量。m 表示模糊强度，用于控制隶属度计算中每个邻居的权重，其范围为 $[1,\infty]$。

最后计算测试样本的最终预测类别见式 3.15：

$$C(x) = \mathrm{argmax} u_j(x) \quad \text{（式 3.15）}$$

3.3 城市洪涝模拟技术

3.3.1 环境因子数据库构建与分析

运用空间连接工具，汇总内涝点、内涝区、经纬度信息，构建内涝模型数据库，并根据 DEM 数据，提取内涝区坡度、面积、结合关联雨量，构建环境因子数据库，并分析各个因子在空间分布上的规律。

（1）内涝点集水区平均坡度

基于江西省城区 DEM 数据，以内涝点集水区为范围，统计范围内坡度，绘制城区内涝点集水区平均坡度等值线（图 3.2）。图 3.2 表明：内涝点坡度在空间上未表现出明显的规律，与距离河道远近未呈现明显的特征。究其原因，江西省属于南方红壤丘陵区，城市多依山而建，地形破碎，坡度分布随机。

（2）内涝点调查淹没水深

基于内涝点调查淹没水深，绘制城区内涝点调查内涝水深等值线（图 3.3）。图 3.3 表明：内涝点调查水深变化范围主要集中在 0.5 m 以上。在空间上内涝点水深高值区和低质区交叉出现，未表现出明显的地带性规律。

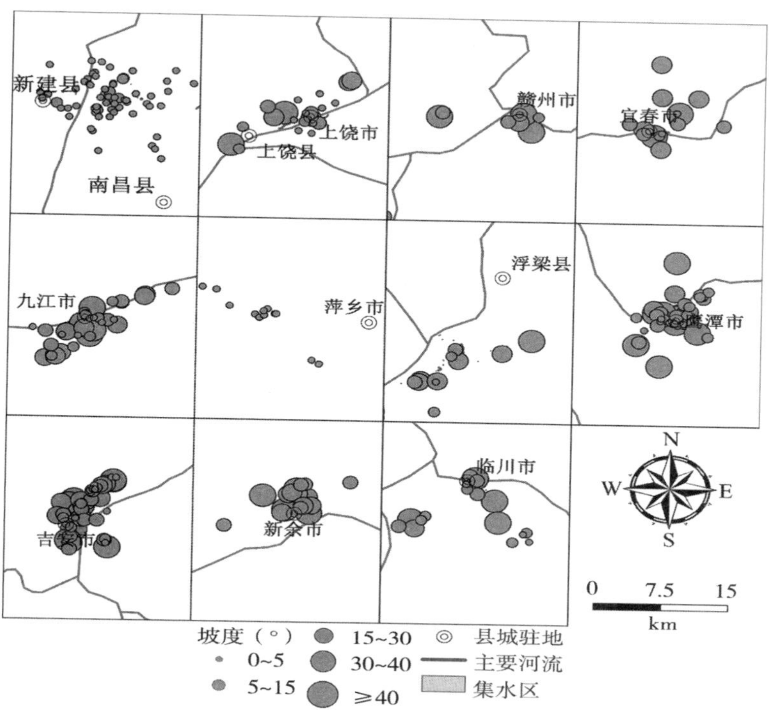

图3.2　江西省城市内涝集水区坡度

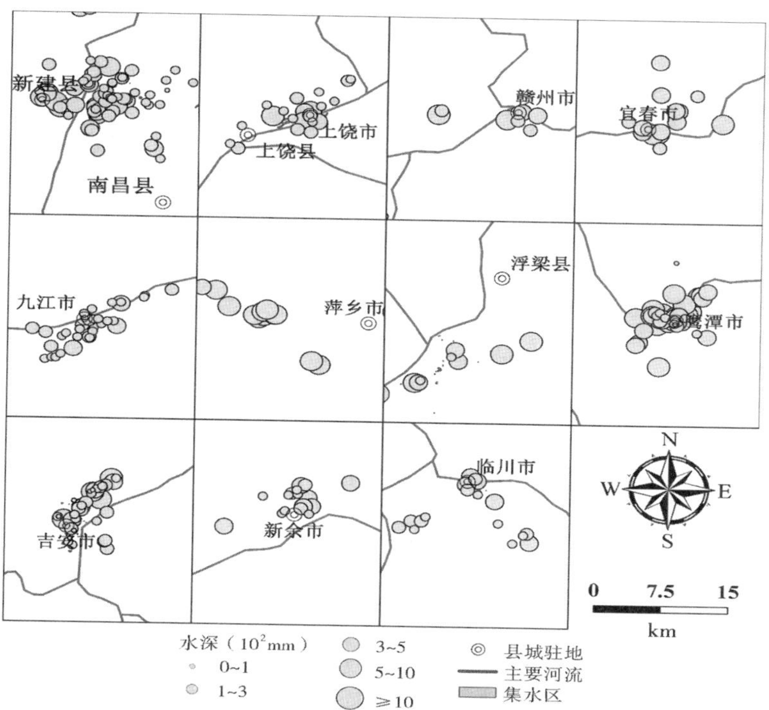

图3.3　江西省城市内涝集水区调查内涝水深

(3)不同时段内涝点关联雨量

基于内涝点调查 1 h、3 h、6 h 内涝点关联雨量,绘制城区内涝点 1 h、3 h、6 h 内涝点关联雨量等值线(图 3.4 至图 3.6)。图 3.4 至图 3.6 表明:内涝点 1 h 内涝点关联雨量变化范围主要集中在 20 ~ 40 mm;3 h 内涝点关联雨量变化范围主要集中在 30 ~ 60 mm;6 h 内涝点关联雨量变化范围主要集中在 40 ~ 120 mm。各个时段内涝点关联雨量空间分布均匀,异质性较低,表明关联雨量具有区域稳定性。

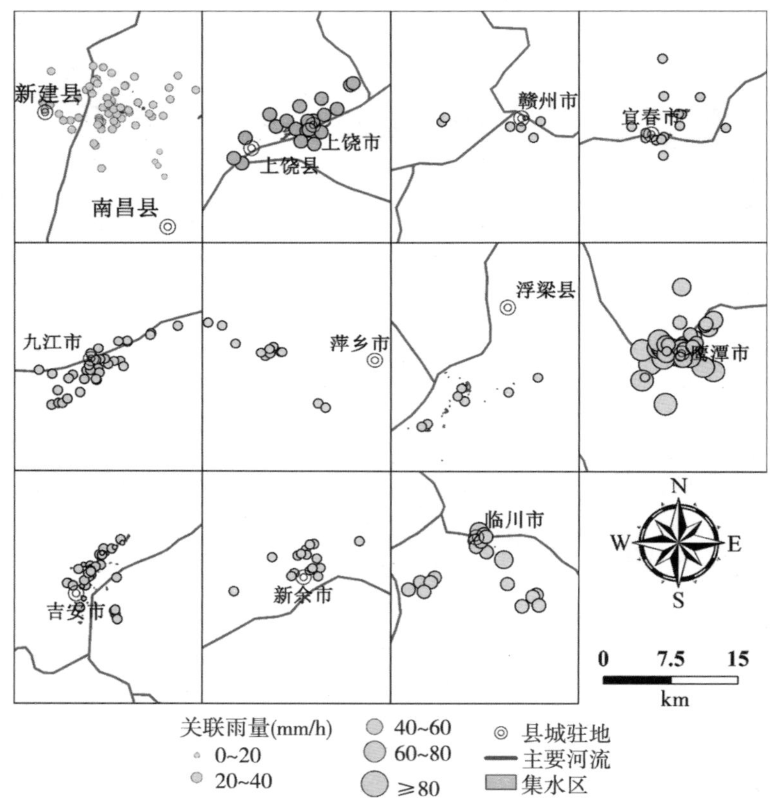

图 3.4　江西省城市内涝集水区 1 h 关联雨量

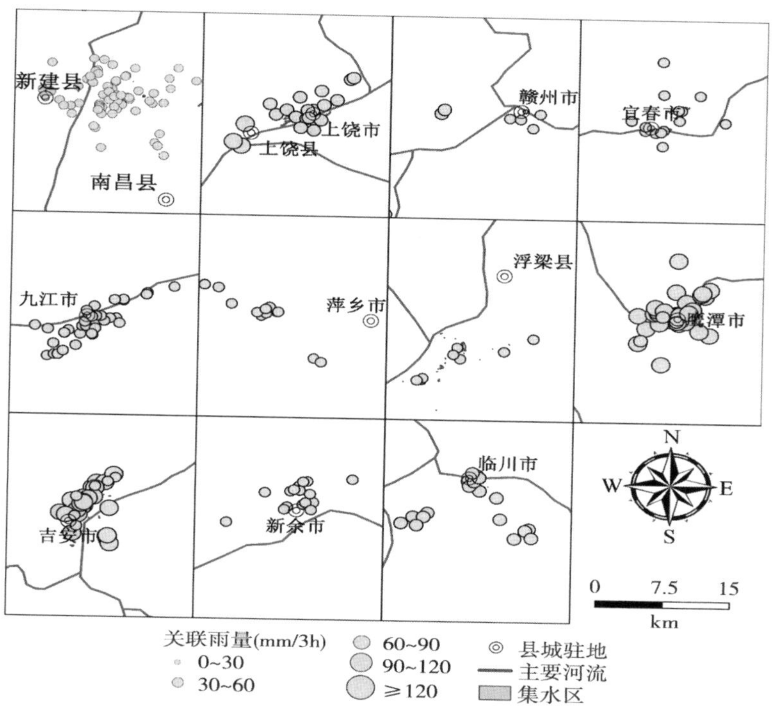

图 3.5 江西省城市内涝集水区 3 h 关联雨量

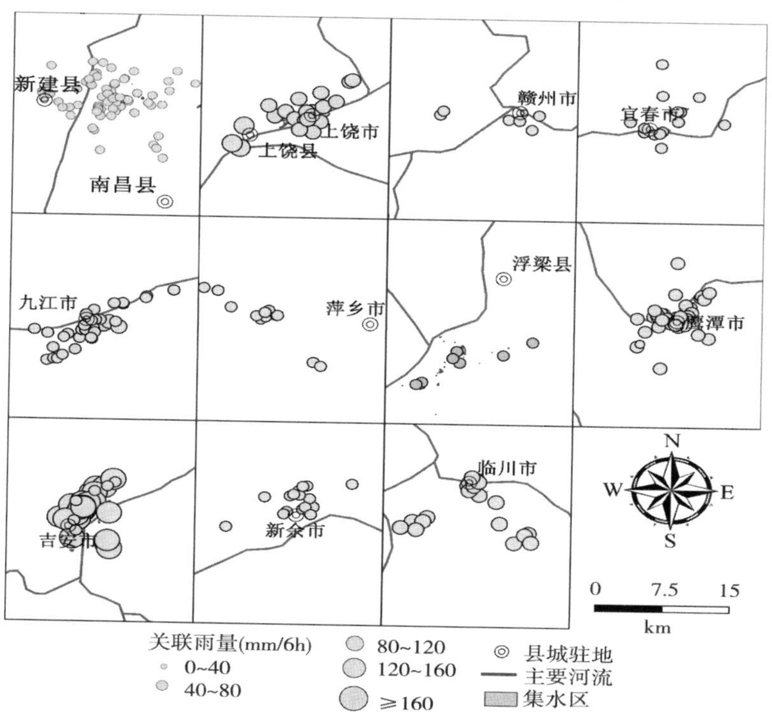

图 3.6 江西省城市内涝集水区 6 h 关联雨量

3.3.2 基于实地调查的城市易涝点模拟技术

以江西省城市易涝区内涝等级为研究对象,对各个易涝点建立分类模型,采用 Fine Gaussian svm 分类算法和 Fine Knn 临近法,用易涝点 1 h、3 h、6 h 关联雨量、易涝区集水区平均坡度和面积这五个因素作为输入变量,内涝等级作为输出量,构建内涝等级预报模型。模拟时,将分别选择数据样本中的 90% 作为训练样本,以剩余 10% 样本作为测试样本,验证模型合理性。Fine Gaussian svm 分类算法和 Fine Knn 临近法在建模期和验证期决定系数均超过 0. 85,模型模拟效果较好。结果如图 3. 7 和图 3. 8 所示。

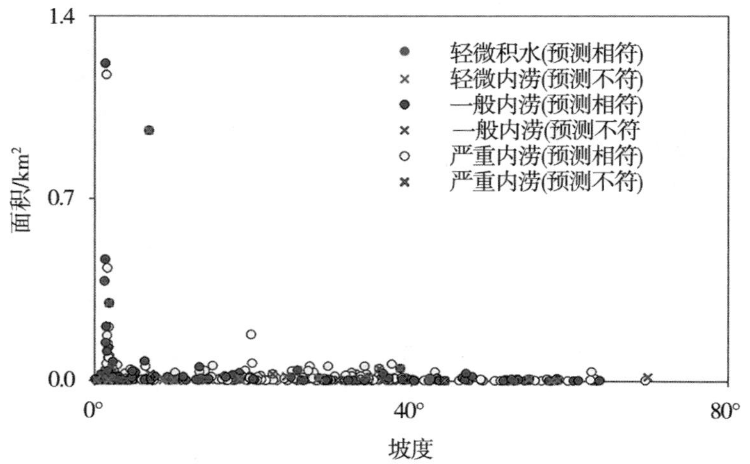

图 3. 7 内涝等级预测评价(Fine Gaussian svm)

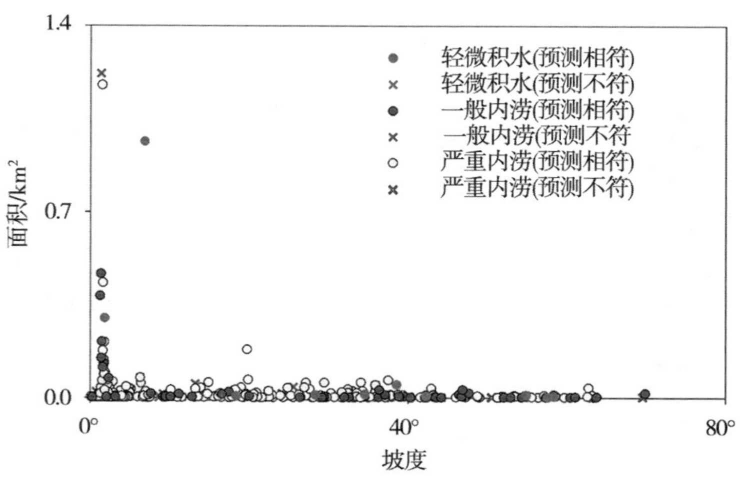

图 3. 8 内涝等级预测评价(Fine Knn)

对 Fine Gaussian svm、Fine Knn 和模拟精度分析,结果见表 3. 5 所示。

表 3.5　Fine Gaussian svm、Fine Knn 和模拟精度分析

分类	预测准确率	
	Fine Gaussian svm	Fine Knn
全部内涝类型	92.2%	85.3%
轻微积水	6.3%	62.5%
一般内涝	81.9%	51.9%
严重内涝	99.2%	97.9%

从图 3.7、图 3.8 和表 3.5 可以看出，Fine Gaussian svm 和 Fine Knn 模型预测结果均包含轻微积水、一般内涝、严重内涝。全部内涝类型中，Fine Gaussian svm 和 Fine Knn 模型预测准确率分别为 92.2% 和 85.3%。在所有预测结果中，预测内涝等级以严重内涝为主。Fine Gaussian svm 和 Fine Knn 模型对严重内涝预测的准确度相对其他内涝类型高，分别为 99.2% 和 97.9%。Fine Gaussian svm 和 Fine Knn 模型对一般内涝预测的准确度相对严重内涝低，分别为 81.9% 和 51.9%。Fine Gaussian svm 和 Fine Knn 模型对轻微积水预测的准确度最低，仅为 6.3% 和 62.5%。究其原因，在样本中轻微内涝的样本容量数较少，难以对模型参数起到足够的影响，预报轻微积水存在较大误差。具体到两种方法，Fine Gaussian svm 在训练集上先训练一个模型，然后用这个模型直接对测试集进行分类。由于轻微积水的样本数量少，直接影响超平面函数的判定精度。该模型更适用于严重内涝的预报。Fine Knn 的原理是计算每个训练样本和测试样本的距离，预测时要用到所有训练样本，在各个内涝类型（维度）时效果比 svm 好。

3.3.3　内涝预警指标

以内涝点出现一般内涝或者严重内涝为条件，确定内涝灾害出现时的雨量，选择江西省内涝点 1 h、3 h、6 h 关联雨量的最小值为起点，以 5 mm 为间隔递增关联雨量，构建暴雨连续变化情景。在每一个情景点，将 1 h、3 h、6 h 关联雨量作为预报因子，带入 Fine Gaussian svm 分类算法和 Fine Knn 临近法，预报内涝等级，直至所有内涝点出现内涝为止。

内涝预警分为两类：第一类是面向一般内涝的预警，第二类是只面向严重内涝的预警。本项目基于情景分析，确定内涝灾害等级的预警指标，见表 3.6 至表 3.12。结果表明：Fine Gaussian svm 分类算法和 Fine Knn 临近法确定的各地市内涝指标分为 6 h 内涝指标、超过 3 h 内涝指标、超过 1 h 内涝指标，符合内涝形成的一般规律。Fine Knn 临近法一般内涝等级预警降水量和严重内涝等级预警降水量差异相对较大，更加符合内涝成灾规律。

表 3.6　南昌市内涝点预警雨量汇总表

序号	县（市、区）	城市低洼地段和易涝点名称	位置	模型(KNN)						模型(SVM)					
				一般内涝			严重内涝			一般内涝			严重内涝		
				P_1/(mm·h^{-1})	P_3/(mm·$3^{-1}h^{-1}$)	P_6/(mm·$6^{-1}h^{-1}$)	P_1/(mm·h^{-1})	P_3/(mm·$3^{-1}h^{-1}$)	P_6/(mm·$6^{-1}h^{-1}$)	P_1/(mm·h^{-1})	P_3/(mm·$3^{-1}h^{-1}$)	P_6/(mm·$6^{-1}h^{-1}$)	P_1/(mm·h^{-1})	P_3/(mm·$3^{-1}h^{-1}$)	P_6/(mm·$6^{-1}h^{-1}$)
1	东湖区	环湖路与叠山路口	北起叠山路南止民德路	16.5	31.5	35	21.5	36.5	40	16.5	31.5	35	16.5	31.5	35
2	东湖区	章江路	东起子固路西止榕门路	16.5	31.5	35	21.5	36.5	40	16.5	31.5	35	16.5	31.5	35
3	东湖区	王家庄路	东起青山南路西止五纬路	16.5	31.5	35	16.5	31.5	35	16.5	31.5	35	16.5	31.5	35
4	东湖区	五纬路	北起新货村路南止王家庄路	16.5	31.5	35	16.5	31.5	35	16.5	31.5	35	16.5	31.5	35
5	东湖区	渊明北路民德路口	南起钟鼓楼市场北止肖公庙路	16.5	31.5	35	21.5	36.5	40	16.5	31.5	35	16.5	31.5	35
6	东湖区	百花洲路	南起中山路北止民德路	26.5	41.5	45	41.5	56.5	60	16.5	31.5	35	16.5	31.5	35
7	东湖区	文教路	南起北京西路北止南京西路	16.5	31.5	35	16.5	31.5	35	16.5	31.5	35	16.5	31.5	35

续表

序号	县（市、区）	城市低洼地段和易涝点名称	位置	模型(KNN)						模型(SVM)					
				一般内涝			严重内涝			一般内涝			严重内涝		
				P_1/(mm·h^{-1})	P_3/(mm·$3^{-1}h^{-1}$)	P_6/(mm·$6^{-1}h^{-1}$)	P_1/(mm·h^{-1})	P_3/(mm·$3^{-1}h^{-1}$)	P_6/(mm·$6^{-1}h^{-1}$)	P_1/(mm·h^{-1})	P_3/(mm·$3^{-1}h^{-1}$)	P_6/(mm·$6^{-1}h^{-1}$)	P_1/(mm·h^{-1})	P_3/(mm·$3^{-1}h^{-1}$)	P_6/(mm·$6^{-1}h^{-1}$)
8	东湖区	后墙路	东起象山北路西止胜利路	26.5	41.5	45	41.5	56.5	60	16.5	31.5	35	16.5	31.5	35
9	东湖区	豫章路	南起阳明路北止沿江北大道	16.5	31.5	35	16.5	31.5	35	16.5	31.5	35	16.5	31.5	35
10	东湖区	苏圃路	南起中山路北止民德路	16.5	31.5	35	16.5	31.5	35	16.5	31.5	35	16.5	31.5	35
11	东湖区	建德观	东起象山北路西止胜利路	26.5	41.5	45	41.5	56.5	60	16.5	31.5	35	16.5	31.5	35
12	东湖区	佘山路	北起青山南路口南止佘山支路	16.5	31.5	35	21.5	36.5	40	16.5	31.5	35	16.5	31.5	35
13	东湖区	李庄路	北起青山南路南止中大南路	16.5	31.5	35	16.5	31.5	35	16.5	31.5	35	16.5	31.5	35

续表

序号	县（市、区）	城市低洼地段和易涝点名称	位置	模型（KNN）						模型（SVM）					
				一般内涝			严重内涝			一般内涝			严重内涝		
				P_1/(mm·h^{-1})	P_3/(mm·3^{-1}h^{-1})	P_6/(mm·6^{-1}h^{-1})	P_1/(mm·h^{-1})	P_3/(mm·3^{-1}h^{-1})	P_6/(mm·6^{-1}h^{-1})	P_1/(mm·h^{-1})	P_3/(mm·3^{-1}h^{-1})	P_6/(mm·6^{-1}h^{-1})	P_1/(mm·h^{-1})	P_3/(mm·3^{-1}h^{-1})	P_6/(mm·6^{-1}h^{-1})
14	西湖区	南站街道解放西路西社区二七南路24号小区	解放西路西社区二七南路24号小区	16.5	31.5	35	16.5	31.5	35	16.5	31.5	35	16.5	31.5	35
15	西湖区	绳金塔街道福山巷易涝点	福山路83号	16.5	31.5	35	16.5	31.5	35	16.5	31.5	35	16.5	31.5	35
16	西湖区	西湖街道羊子街	与西湖路侧路交汇处(华润万家侧门)	26.5	41.5	45	41.5	56.5	60	16.5	31.5	35	16.5	31.5	35
17	西湖区	西湖街道西湖路	西湖路东口(华润万家地下停车场入口)	26.5	41.5	45	41.5	56.5	60	16.5	31.5	35	16.5	31.5	35
18	西湖区	抚生路喜盈门易涝点	抚生路喜盈门门口	16.5	31.5	35	21.5	36.5	40	16.5	31.5	35	16.5	31.5	35

续表

序号	县（市、区）	城市低洼地段和易涝点名称	位置	模型(KNN)						模型(SVM)					
				一般内涝			严重内涝			一般内涝			严重内涝		
				P_1/(mm·h^{-1})	P_3/(mm·3^{-1}h^{-1})	P_6/(mm·6^{-1}h^{-1})	P_1/(mm·h^{-1})	P_3/(mm·3^{-1}h^{-1})	P_6/(mm·6^{-1}h^{-1})	P_1/(mm·h^{-1})	P_3/(mm·3^{-1}h^{-1})	P_6/(mm·6^{-1}h^{-1})	P_1/(mm·h^{-1})	P_3/(mm·3^{-1}h^{-1})	P_6/(mm·6^{-1}h^{-1})
19	西湖区	水厂路抚生佳园易涝点	水厂路抚生佳园北门口	16.5	31.5	35	16.5	31.5	35	16.5	31.5	35	16.5	31.5	35
20	西湖区	园常寺路易涝点	园常寺路星光园小区东门口	16.5	31.5	35	16.5	31.5	35	16.5	31.5	35	16.5	31.5	35
21	西湖区	北京西路118号院内	北京西路118号2、3栋	16.5	31.5	35	16.5	31.5	35	16.5	31.5	35	16.5	31.5	35
22	西湖区	丁公路中段	乐盈广场段至丁公路103院内	16.5	31.5	35	16.5	31.5	35	16.5	31.5	35	16.5	31.5	35
23	西湖区	丁公路北地铁4号线工地周边	洪城大厦段	16.5	31.5	35	16.5	31.5	35	16.5	31.5	35	16.5	31.5	35
24	西湖区	将军渡巷	将军渡巷34号	16.5	31.5	35	16.5	31.5	35	16.5	31.5	35	16.5	31.5	35

续表

序号	县（市、区）	城市低洼地段和易涝点名称	位置	模型（KNN）						模型（SVM）					
				一般内涝			严重内涝			一般内涝			严重内涝		
				P_1/（mm·h^{-1}）	P_3/（mm·3^{-1}h^{-1}）	P_6/（mm·6^{-1}h^{-1}）	P_1/（mm·h^{-1}）	P_3/（mm·3^{-1}h^{-1}）	P_6/（mm·6^{-1}h^{-1}）	P_1/（mm·h^{-1}）	P_3/（mm·3^{-1}h^{-1}）	P_6/（mm·6^{-1}h^{-1}）	P_1/（mm·h^{-1}）	P_3/（mm·3^{-1}h^{-1}）	P_6/（mm·6^{-1}h^{-1}）
25	西湖区	朝阳小区易涝点	朝阳小区东区	16.5	31.5	35	16.5	31.5	35	16.5	31.5	35	16.5	31.5	35
26	西湖区	朝阳中路和抚生路交岔口易涝点	朝阳中路和抚生路交岔口	16.5	31.5	35	16.5	31.5	35	16.5	31.5	35	16.5	31.5	35
27	西湖区	绿源小区易涝点	绿源小区	16.5	31.5	35	16.5	31.5	35	16.5	31.5	35	16.5	31.5	35
28	西湖区	团结路易涝点	团结路南段	16.5	31.5	35	21.5	36.5	40	16.5	31.5	35	16.5	31.5	35
29	西湖区	贞字街棚户区易涝点	贞字街棚户区	16.5	31.5	35	16.5	31.5	35	16.5	31.5	35	16.5	31.5	35
30	西湖区	干家前巷1－35号	干家前巷1－35号	16.5	31.5	35	16.5	31.5	35	16.5	31.5	35	16.5	31.5	35
31	西湖区	进贤仓街	进贤仓街5号至梨头嘴59号	16.5	31.5	35	21.5	36.5	40	16.5	31.5	35	16.5	31.5	35

续表

序号	县（市、区）	城市低洼地段和易涝点名称	位置	模型(KNN)						模型(SVM)					
				一般内涝			严重内涝			一般内涝			严重内涝		
				P_1/(mm·h^{-1})	P_3/(mm·$3^{-1}h^{-1}$)	P_6/(mm·$6^{-1}h^{-1}$)	P_1/(mm·h^{-1})	P_3/(mm·$3^{-1}h^{-1}$)	P_6/(mm·$6^{-1}h^{-1}$)	P_1/(mm·h^{-1})	P_3/(mm·$3^{-1}h^{-1}$)	P_6/(mm·$6^{-1}h^{-1}$)	P_1/(mm·h^{-1})	P_3/(mm·$3^{-1}h^{-1}$)	P_6/(mm·$6^{-1}h^{-1}$)
32	西湖区	珠宝街及周边内涝点	珠宝街—马家园—陈家桥沿线	16.5	31.5	35	16.5	31.5	35	16.5	31.5	35	16.5	31.5	35
33	西湖区	桃源街道万福园社区公交站易涝点	抚生路374号	16.5	31.5	35	16.5	31.5	35	16.5	31.5	35	16.5	31.5	35
34	西湖区	外运小区易涝点	洪城路539号	16.5	31.5	35	21.5	36.5	40	16.5	31.5	35	16.5	31.5	35
35	青云谱区	博学路	博学路(博泰生命树小区前)	16.5	31.5	35	16.5	31.5	35	16.5	31.5	35	16.5	31.5	35
36	青云谱区	航空路	航空路(新大泽酒店门口)	16.5	31.5	35	16.5	31.5	35	16.5	31.5	35	16.5	31.5	35
37	青云谱区	朱桥东路	朱桥东路(朱桥公寓旁)	16.5	31.5	35	16.5	31.5	35	16.5	31.5	35	16.5	31.5	35

续表

序号	县（市、区）	城市低洼地段和易涝点名称	位置	模型(KNN)						模型(SVM)					
				一般内涝			严重内涝			一般内涝			严重内涝		
				P_1/(mm·h^{-1})	P_3/(mm·$3^{-1}h^{-1}$)	P_6/(mm·$6^{-1}h^{-1}$)	P_1/(mm·h^{-1})	P_3/(mm·$3^{-1}h^{-1}$)	P_6/(mm·$6^{-1}h^{-1}$)	P_1/(mm·h^{-1})	P_3/(mm·$3^{-1}h^{-1}$)	P_6/(mm·$6^{-1}h^{-1}$)	P_1/(mm·h^{-1})	P_3/(mm·$3^{-1}h^{-1}$)	P_6/(mm·$6^{-1}h^{-1}$)
38	青山湖区	高新大道省艺术中心积水点	省艺术中心对面	16.5	31.5	35	16.5	31.5	35	16.5	31.5	35	16.5	31.5	35
39	青山湖区	顺外路东方塞纳	东方塞纳对面	16.5	31.5	35	16.5	31.5	35	16.5	31.5	35	16.5	31.5	35
40	青山湖区	顺外路青山湖大道口	顺外路北侧	16.5	31.5	35	16.5	31.5	35	16.5	31.5	35	16.5	31.5	35
41	青山湖区	上海路北京东路口	东北角	16.5	31.5	35	16.5	31.5	35	16.5	31.5	35	16.5	31.5	35
42	青山湖区	彭桥路积水点	顺外路以北消防站	16.5	31.5	35	16.5	31.5	35	16.5	31.5	35	16.5	31.5	35
43	新建区	新建大道、长麦路交会处积水点	新建大道、长麦路交会处	16.5	31.5	35	16.5	31.5	35	16.5	31.5	35	16.5	31.5	35
44	新建区	子实路、长麦路交会处积水点	子实路、长麦路交会处	16.5	31.5	35	16.5	31.5	35	16.5	31.5	35	16.5	31.5	35

续表

序号	县(市、区)	城市低洼地段和易涝点名称	位置	模型(KNN)						模型(SVM)					
				一般内涝			严重内涝			一般内涝			严重内涝		
				P_1/(mm·h^{-1})	P_3/(mm·3^{-1}h^{-1})	P_6/(mm·6^{-1}h^{-1})	P_1/(mm·h^{-1})	P_3/(mm·3^{-1}h^{-1})	P_6/(mm·6^{-1}h^{-1})	P_1/(mm·h^{-1})	P_3/(mm·3^{-1}h^{-1})	P_6/(mm·6^{-1}h^{-1})	P_1/(mm·h^{-1})	P_3/(mm·3^{-1}h^{-1})	P_6/(mm·6^{-1}h^{-1})
45	新建区	长麦路保险公司居民片区积水点	长麦路保险公司居民片区	16.5	31.5	35	16.5	31.5	35	16.5	31.5	35	16.5	31.5	35
46	新建区	礼步湖大道国税局宿舍居民片区积水点	礼步湖大道国税局宿舍居民片区	16.5	31.5	35	21.5	36.5	40	16.5	31.5	35	16.5	31.5	35
47	新建区	花果山路建垄巷片区积水点	花果山路建垄巷片区	16.5	31.5	35	21.5	36.5	40	16.5	31.5	35	16.5	31.5	35
48	红谷滩区	丰和北大道铁路桥下	丰和北大道铁路桥下	16.5	31.5	35	16.5	31.5	35	16.5	31.5	35	16.5	31.5	35
49	红谷滩区	丰和北大道长江路口	丰和北大道长江路口	16.5	31.5	35	21.5	36.5	40	16.5	31.5	35	16.5	31.5	35

续表

序号	县（市、区）	城市低洼地段和易涝点名称	位置	模型（KNN）						模型（SVM）					
				一般内涝			严重内涝			一般内涝			严重内涝		
				P_1/(mm·h^{-1})	P_3/(mm·3^{-1}h^{-1})	P_6/(mm·6^{-1}h^{-1})	P_1/(mm·h^{-1})	P_3/(mm·3^{-1}h^{-1})	P_6/(mm·6^{-1}h^{-1})	P_1/(mm·h^{-1})	P_3/(mm·3^{-1}h^{-1})	P_6/(mm·6^{-1}h^{-1})	P_1/(mm·h^{-1})	P_3/(mm·3^{-1}h^{-1})	P_6/(mm·6^{-1}h^{-1})
50	红谷滩区	庐山南大道铜锣湾广场旁	庐山南大道铜锣湾广场旁	16.5	31.5	35	16.5	31.5	35	16.5	31.5	35	16.5	31.5	35
51	红谷滩区	庐山南大道红谷北大道口	庐山南大道红谷北大道口	16.5	31.5	35	16.5	31.5	35	16.5	31.5	35	16.5	31.5	35
52	红谷滩区	庐山南大道红谷中大道口	庐山南大道红谷中大道口	16.5	31.5	35	16.5	31.5	35	16.5	31.5	35	16.5	31.5	35
53	红谷滩区	凤凰北大道濠江路口	凤凰北大道濠江路口	16.5	31.5	35	16.5	31.5	35	16.5	31.5	35	16.5	31.5	35
54	红谷滩区	丰和北大道珠江路口	丰和北大道珠江路口	16.5	31.5	35	16.5	31.5	35	16.5	31.5	35	16.5	31.5	35
55	红谷滩区	凤凰南立交	凤凰南立交	16.5	31.5	35	16.5	31.5	35	16.5	31.5	35	16.5	31.5	35

续表

序号	县(市、区)	城市低洼地段和易涝点名称	位置	模型(KNN)						模型(SVM)					
				一般内涝			严重内涝			一般内涝			严重内涝		
				P_1/(mm·h^{-1})	P_3/(mm·3^{-1}h^{-1})	P_6/(mm·6^{-1}h^{-1})	P_1/(mm·h^{-1})	P_3/(mm·3^{-1}h^{-1})	P_6/(mm·6^{-1}h^{-1})	P_1/(mm·h^{-1})	P_3/(mm·3^{-1}h^{-1})	P_6/(mm·6^{-1}h^{-1})	P_1/(mm·h^{-1})	P_3/(mm·3^{-1}h^{-1})	P_6/(mm·6^{-1}h^{-1})
56	红谷滩区	丰和立交	丰和立交	16.5	31.5	35	21.5	36.5	40	16.5	31.5	35	16.5	31.5	35
57	红谷滩区	红谷十二庭桥洞	红谷十二庭桥洞	16.5	31.5	35	21.5	36.5	40	16.5	31.5	35	16.5	31.5	35
58	红谷滩区	碟子湖大道春晖路至飞虹路	碟子湖大道春晖路至飞虹路	16.5	31.5	35	16.5	31.5	35	16.5	31.5	35	16.5	31.5	35
59	红谷滩区	丰和中大道雅苑东路	丰和中大道雅苑东路	16.5	31.5	35	16.5	31.5	35	16.5	31.5	35	16.5	31.5	35
60	红谷滩区	维翰路	维翰路	16.5	31.5	35	21.5	36.5	40	16.5	31.5	35	16.5	31.5	35
61	湾里区管理局	佘牟路	中心花园小区	16.5	31.5	35	16.5	31.5	35	16.5	31.5	35	16.5	31.5	35
62	经开区	经开大道	经开大道(高椅山二路至建业大道段)	16.5	31.5	35	16.5	31.5	35	16.5	31.5	35	16.5	31.5	35

续表

序号	县（市、区）	城市低洼地段和易涝点名称	位置	模型（KNN）						模型（SVM）					
				一般内涝			严重内涝			一般内涝			严重内涝		
				P_1/(mm·h^{-1})	P_3/(mm·$3^{-1}h^{-1}$)	P_6/(mm·$6^{-1}h^{-1}$)	P_1/(mm·h^{-1})	P_3/(mm·$3^{-1}h^{-1}$)	P_6/(mm·$6^{-1}h^{-1}$)	P_1/(mm·h^{-1})	P_3/(mm·$3^{-1}h^{-1}$)	P_6/(mm·$6^{-1}h^{-1}$)	P_1/(mm·h^{-1})	P_3/(mm·$3^{-1}h^{-1}$)	P_6/(mm·$6^{-1}h^{-1}$)
63	经开区	玉屏东大道	玉屏东大道（小苹果段）	16.5	31.5	35	21.5	36.5	40	16.5	31.5	35	16.5	31.5	35
64	高新区	京东大道火炬三路口易涝点	京东大道火炬三路交叉口	16.5	31.5	35	21.5	36.5	40	16.5	31.5	35	16.5	31.5	35
65	高新区	昌东大道艾溪湖一路口易涝点	昌东大道艾溪湖一路口	16.5	31.5	35	16.5	31.5	35	16.5	31.5	35	16.5	31.5	35
66	高新区	瑶湖西五路龚杏产业园	瑶湖西五路龚杏产业园	16.5	31.5	35	16.5	31.5	35	16.5	31.5	35	16.5	31.5	35
67	高新区	高新大道火炬大街口	高新大道火炬大街交叉口	16.5	31.5	35	16.5	31.5	35	16.5	31.5	35	16.5	31.5	35
68	高新区	瑶湖西大道瑶湖西一路口	瑶湖西大道瑶湖西一路口	16.5	31.5	35	16.5	31.5	35	16.5	31.5	35	16.5	31.5	35

续表

序号	县（市、区）	城市低洼地段和易涝点名称	位置	模型(KNN)						模型(SVM)					
				一般内涝			严重内涝			一般内涝			严重内涝		
				P_1/(mm·h^{-1})	P_3/(mm·3^{-1}h^{-1})	P_6/(mm·6^{-1}h^{-1})	P_1/(mm·h^{-1})	P_3/(mm·3^{-1}h^{-1})	P_6/(mm·6^{-1}h^{-1})	P_1/(mm·h^{-1})	P_3/(mm·3^{-1}h^{-1})	P_6/(mm·6^{-1}h^{-1})	P_1/(mm·h^{-1})	P_3/(mm·3^{-1}h^{-1})	P_6/(mm·6^{-1}h^{-1})
69	市本级	中山路少年宫	中山路少年宫	26.5	41.5	45	41.5	56.5	60	16.5	31.5	35	16.5	31.5	35
70	市本级	八一大道沃尔玛	八一大道沃尔玛	26.5	41.5	45	41.5	56.5	60	16.5	31.5	35	16.5	31.5	35
71	市本级	青山南路佘山路口	青山南路佘山路口	16.5	31.5	35	21.5	36.5	40	16.5	31.5	35	16.5	31.5	35
72	红谷滩区	丽景小区易涝点	丽景小区	16.5	31.5	35	16.5	31.5	35	16.5	31.5	35	16.5	31.5	35
73	红谷滩区	赣江中大道与赣江北大道交界红绿灯处易涝点	赣江中大道与赣江北大道交界红绿灯处	16.5	31.5	35	16.5	31.5	35	16.5	31.5	35	16.5	31.5	35
74	红谷滩区	赣江北大道祥瑞路口	赣江北大道祥瑞路口	16.5	31.5	35	16.5	31.5	35	16.5	31.5	35	16.5	31.5	35
75	红谷滩区	三馆门口	赣江北大道省图书馆前	16.5	31.5	35	16.5	31.5	35	16.5	31.5	35	16.5	31.5	35

续表

序号	县（市、区）	城市低洼地段和易涝点名称	位置	模型(KNN)						模型(SVM)					
				一般内涝			严重内涝			一般内涝			严重内涝		
				P_1/(mm·h^{-1})	P_3/(mm·$3^{-1}h^{-1}$)	P_6/(mm·$6^{-1}h^{-1}$)	P_1/(mm·h^{-1})	P_3/(mm·$3^{-1}h^{-1}$)	P_6/(mm·$6^{-1}h^{-1}$)	P_1/(mm·h^{-1})	P_3/(mm·$3^{-1}h^{-1}$)	P_6/(mm·$6^{-1}h^{-1}$)	P_1/(mm·h^{-1})	P_3/(mm·$3^{-1}h^{-1}$)	P_6/(mm·$6^{-1}h^{-1}$)
76	红谷滩区	丰河北大道湘江路口	丰河北大道湘江路口往北150米	16.5	31.5	35	16.5	31.5	35	16.5	31.5	35	16.5	31.5	35
77	青云谱区	金鹰路	金鹰路江西富明实业有限公司门口	16.5	31.5	35	16.5	31.5	35	16.5	31.5	35	16.5	31.5	35
78	西湖区	怡滨花苑小区门口	怡滨花苑小区门口	16.5	31.5	35	16.5	31.5	35	16.5	31.5	35	16.5	31.5	35

表3.7　九江市内涝点预警雨量汇总表

序号	县（市、区）	城市低洼地段和易涝点名称	位置	模型(KNN)						模型(SVM)					
				一般内涝			严重内涝			一般内涝			严重内涝		
				P_1/(mm·h^{-1})	P_3/(mm·$3^{-1}h^{-1}$)	P_6/(mm·$6^{-1}h^{-1}$)	P_1/(mm·h^{-1})	P_3/(mm·$3^{-1}h^{-1}$)	P_6/(mm·$6^{-1}h^{-1}$)	P_1/(mm·h^{-1})	P_3/(mm·$3^{-1}h^{-1}$)	P_6/(mm·$6^{-1}h^{-1}$)	P_1/(mm·h^{-1})	P_3/(mm·$3^{-1}h^{-1}$)	P_6/(mm·$6^{-1}h^{-1}$)
1	浔阳区	第五人民医院	第五人民医院宿舍	16.5	31.5	35	26.5	41.5	45	16.5	31.5	35	21.5	36.5	40
2	浔阳区	第五人民医院门前	第五人民医院大门前	16.5	31.5	35	26.5	41.5	45	16.5	31.5	35	21.5	36.5	40

续表

序号	县（市、区）	城市低洼地段和易涝点名称	位置	模型(KNN)						模型(SVM)					
				一般内涝			严重内涝			一般内涝			严重内涝		
				P_1/(mm·h^{-1})	P_3/(mm·$3^{-1}h^{-1}$)	P_6/(mm·$6^{-1}h^{-1}$)	P_1/(mm·h^{-1})	P_3/(mm·$3^{-1}h^{-1}$)	P_6/(mm·$6^{-1}h^{-1}$)	P_1/(mm·h^{-1})	P_3/(mm·$3^{-1}h^{-1}$)	P_6/(mm·$6^{-1}h^{-1}$)	P_1/(mm·h^{-1})	P_3/(mm·$3^{-1}h^{-1}$)	P_6/(mm·$6^{-1}h^{-1}$)
3	浔阳区	三里村	三里村殷家畈小区南北门	16.5	31.5	35	16.5	31.5	35	16.5	31.5	35	16.5	31.5	35
4	浔阳区	锁江楼	锁江楼生活基地(滨江路953号)	16.5	31.5	35	26.5	41.5	45	16.5	31.5	35	21.5	36.5	40
5	浔阳区	万杉山社区	九江学院浔东校区职工宿舍一栋	16.5	31.5	35	26.5	41.5	45	16.5	31.5	35	21.5	36.5	40
6	浔阳区	新公园	新公园三支路	16.5	31.5	35	16.5	31.5	35	16.5	31.5	35	16.5	31.5	35
7	浔阳区	浔阳东路	浔阳东路95号五栋	16.5	31.5	35	21.5	36.5	40	16.5	31.5	35	16.5	31.5	35
8	浔阳区	八一宾馆	八一宾馆至老市委大院路段	16.5	31.5	35	16.5	31.5	35	16.5	31.5	35	16.5	31.5	35
9	浔阳区	江南市场	江南市场双峰路段、江南花园小区背街小巷	16.5	31.5	35	21.5	36.5	40	16.5	31.5	35	16.5	31.5	35

续表

序号	县（市、区）	城市低洼地段和易涝点名称	位置	模型（KNN）						模型（SVM）					
				一般内涝			严重内涝			一般内涝			严重内涝		
				P_1/(mm·h^{-1})	P_3/(mm·3^{-1}h^{-1})	P_6/(mm·6^{-1}h^{-1})	P_1/(mm·h^{-1})	P_3/(mm·3^{-1}h^{-1})	P_6/(mm·6^{-1}h^{-1})	P_1/(mm·h^{-1})	P_3/(mm·3^{-1}h^{-1})	P_6/(mm·6^{-1}h^{-1})	P_1/(mm·h^{-1})	P_3/(mm·3^{-1}h^{-1})	P_6/(mm·6^{-1}h^{-1})
10	浔阳区	滨江路	滨江路698号过道	16.5	31.5	35	16.5	31.5	35	16.5	31.5	35	16.5	31.5	35
11	浔阳区	金安湖	金安湖社区二库小区	16.5	31.5	35	16.5	31.5	35	16.5	31.5	35	16.5	31.5	35
12	浔阳区	琴湖路	琴湖路新雪域路段	16.5	31.5	35	21.5	36.5	40	16.5	31.5	35	16.5	31.5	35
13	浔阳区	胡家湾	人民路街道胡家湾	16.5	31.5	35	26.5	41.5	45	16.5	31.5	35	21.5	36.5	40
14	浔阳区	二航宿舍	人民路街道二航宿舍	16.5	31.5	35	21.5	36.5	40	16.5	31.5	35	16.5	31.5	35
15	浔阳区	卫生局宿舍	陆家垅路卫生局宿舍	16.5	31.5	35	16.5	31.5	35	16.5	31.5	35	16.5	31.5	35
16	浔阳区	姚家洼	姚家洼小区	16.5	31.5	35	16.5	31.5	35	16.5	31.5	35	16.5	31.5	35
17	浔阳区	湖滨小区	湖滨小区靠湖滨小学侧	16.5	31.5	35	26.5	41.5	45	16.5	31.5	35	16.5	31.5	35
18	浔阳区	陆家垅路	陆家垅路	16.5	31.5	35	16.5	31.5	35	16.5	31.5	35	16.5	31.5	35
19	浔阳区	原科技局	科技局宿舍	16.5	31.5	35	16.5	31.5	35	16.5	31.5	35	16.5	31.5	35

续表

序号	县（市、区）	城市低洼地段和易涝点名称	位置	模型（KNN）						模型（SVM）					
				一般内涝			严重内涝			一般内涝			严重内涝		
				P_1/(mm·h^{-1})	P_3/(mm·3^{-1}h^{-1})	P_6/(mm·6^{-1}h^{-1})	P_1/(mm·h^{-1})	P_3/(mm·3^{-1}h^{-1})	P_6/(mm·6^{-1}h^{-1})	P_1/(mm·h^{-1})	P_3/(mm·3^{-1}h^{-1})	P_6/(mm·6^{-1}h^{-1})	P_1/(mm·h^{-1})	P_3/(mm·3^{-1}h^{-1})	P_6/(mm·6^{-1}h^{-1})
20	浔阳区	南湖路	南湖路100号和中广场	16.5	31.5	35	16.5	31.5	35	16.5	31.5	35	16.5	31.5	35
21	浔阳区	姬公庵泵站	金鸡坡姬公庵泵站	16.5	31.5	35	26.5	41.5	45	16.5	31.5	35	21.5	36.5	40
22	浔阳区	大中路	步行街588号盛祥金行门前路段	16.5	31.5	35	21.5	36.5	40	16.5	31.5	35	16.5	31.5	35
23	开发区	长江大道	长江大道铁路桥下	16.5	31.5	35	26.5	41.5	45	16.5	31.5	35	21.5	36.5	40
24	开发区	九瑞大道	开发区管委会门前	16.5	31.5	35	26.5	41.5	45	16.5	31.5	35	21.5	36.5	40
25	开发区	联盛快乐城	联盛快乐城周边	16.5	31.5	35	21.5	36.5	40	16.5	31.5	35	16.5	31.5	35
26	开发区	南海路	南海路与杭州路交界口	16.5	31.5	35	21.5	36.5	40	16.5	31.5	35	16.5	31.5	35
27	开发区	抗洪大道	抗洪大道铁路桥下	16.5	31.5	35	21.5	36.5	40	16.5	31.5	35	16.5	31.5	35

续表

序号	县（市、区）	城市低洼地段和易涝点名称	位置	模型（KNN）						模型（SVM）					
				一般内涝			严重内涝			一般内涝			严重内涝		
				P_1/(mm·h^{-1})	P_3/(mm·3^{-1}h^{-1})	P_6/(mm·6^{-1}h^{-1})	P_1/(mm·h^{-1})	P_3/(mm·3^{-1}h^{-1})	P_6/(mm·6^{-1}h^{-1})	P_1/(mm·h^{-1})	P_3/(mm·3^{-1}h^{-1})	P_6/(mm·6^{-1}h^{-1})	P_1/(mm·h^{-1})	P_3/(mm·3^{-1}h^{-1})	P_6/(mm·6^{-1}h^{-1})
28	八里湖新区	兴城大道	兴城大道铁路桥下	16.5	31.5	35	21.5	36.5	40	16.5	31.5	35	16.5	31.5	35
29	八里湖新区	财富大道	财富大道铁路桥下	16.5	31.5	35	26.5	41.5	45	16.5	31.5	35	21.5	36.5	40
30	八里湖新区	通湖路	通湖路铁路桥下	16.5	31.5	35	26.5	41.5	45	16.5	31.5	35	16.5	31.5	35
31	八里湖新区	明月桥	通湖路明月桥两侧	16.5	31.5	35	26.5	41.5	45	16.5	31.5	35	21.5	36.5	40
32	八里湖新区	兴业大道	兴业大道铁路桥下	16.5	31.5	35	26.5	41.5	45	16.5	31.5	35	16.5	31.5	35
33	濂溪区	青年南路	青年南路铁路桥下	16.5	31.5	35	16.5	31.5	35	16.5	31.5	35	16.5	31.5	35
34	濂溪区	金凤路	金凤路铁路桥下	16.5	31.5	35	26.5	41.5	45	16.5	31.5	35	16.5	31.5	35

表 3.8　景德镇市内涝点预警雨量汇总表

序号	县（市、区）	城市低洼地段和易涝点名称	位置	模型(KNN)						模型(SVM)					
				一般内涝			严重内涝			一般内涝			严重内涝		
				$P_1/(mm \cdot h^{-1})$	$P_3/(mm \cdot 3^{-1}h^{-1})$	$P_6/(mm \cdot 6^{-1}h^{-1})$	$P_1/(mm \cdot h^{-1})$	$P_3/(mm \cdot 3^{-1}h^{-1})$	$P_6/(mm \cdot 6^{-1}h^{-1})$	$P_1/(mm \cdot h^{-1})$	$P_3/(mm \cdot 3^{-1}h^{-1})$	$P_6/(mm \cdot 6^{-1}h^{-1})$	$P_1/(mm \cdot h^{-1})$	$P_3/(mm \cdot 3^{-1}h^{-1})$	$P_6/(mm \cdot 6^{-1}h^{-1})$
1	珠山区	竟成镇黄泥头村	竟成镇黄泥头村	16.5	31.5	35	16.5	31.5	35	16.5	31.5	35	16.5	31.5	35
2	珠山区	新厂街道南湖丽景小区	新厂街道新厂社区	16.5	31.5	35	26.5	41.5	45	16.5	31.5	35	16.5	31.5	35
3	昌江区	鲇鱼山镇鱼山村	鱼山村景航铁路桥洞	16.5	31.5	35	16.5	31.5	35	16.5	31.5	35	16.5	31.5	35
4	昌江区	吕蒙乡古城村余家小组	吕蒙乡古城村余家小组	16.5	31.5	35	26.5	41.5	45	16.5	31.5	35	21.5	36.5	40
5	昌江区	吕蒙乡古城小学	吕蒙乡古城村余家小组路口	16.5	31.5	35	26.5	41.5	45	16.5	31.5	35	16.5	31.5	35
6	昌江区	吕蒙乡古城村仓下垄小组	吕蒙乡古城村仓下垄小组	16.5	31.5	35	16.5	31.5	35	16.5	31.5	35	16.5	31.5	35
7	昌江区	吕蒙乡吕蒙社区	社区办公楼周围	16.5	31.5	35	26.5	41.5	45	16.5	31.5	35	21.5	36.5	40

续表

序号	县(市、区)	城市低洼地段和易涝点名称	位置	模型(KNN)						模型(SVM)					
				一般内涝			严重内涝			一般内涝			严重内涝		
				P_1/(mm·h^{-1})	P_3/(mm·$3^{-1}h^{-1}$)	P_6/(mm·$6^{-1}h^{-1}$)	P_1/(mm·h^{-1})	P_3/(mm·$3^{-1}h^{-1}$)	P_6/(mm·$6^{-1}h^{-1}$)	P_1/(mm·h^{-1})	P_3/(mm·$3^{-1}h^{-1}$)	P_6/(mm·$6^{-1}h^{-1}$)	P_1/(mm·h^{-1})	P_3/(mm·$3^{-1}h^{-1}$)	P_6/(mm·$6^{-1}h^{-1}$)
8	昌江区	西郊街道瓷都大道国税局宿舍、蔬菜公司宿舍	西郊街道东风坦社区	16.5	31.5	35	26.5	41.5	45	16.5	31.5	35	21.5	36.5	40
9	昌江区	西郊街道新枫路农行宿舍	新枫路枫树山农贸市场旁	16.5	31.5	35	26.5	41.5	45	16.5	31.5	35	16.5	31.5	35
10	昌江区	西郊街道蟠龙岗社区昌南驾校里丝织总厂平房	昌南驾校里丝织总厂平房	16.5	31.5	35	26.5	41.5	45	16.5	31.5	35	16.5	31.5	35
11	昌江区	鲇鱼山镇上徐村委会玉山组	玉山自然村	16.5	31.5	35	16.5	31.5	35	16.5	31.5	35	16.5	31.5	35
12	昌江区	鲇鱼山镇上徐村委会汪家组	汪家自然村	16.5	31.5	35	16.5	31.5	35	16.5	31.5	35	16.5	31.5	35

续表

序号	县（市、区）	城市低洼地段和易涝点名称	位置	模型(KNN)						模型(SVM)					
				一般内涝			严重内涝			一般内涝			严重内涝		
				P_1/(mm·h^{-1})	P_3/(mm·$3^{-1}h^{-1}$)	P_6/(mm·$6^{-1}h^{-1}$)	P_1/(mm·h^{-1})	P_3/(mm·$3^{-1}h^{-1}$)	P_6/(mm·$6^{-1}h^{-1}$)	P_1/(mm·h^{-1})	P_3/(mm·$3^{-1}h^{-1}$)	P_6/(mm·$6^{-1}h^{-1}$)	P_1/(mm·h^{-1})	P_3/(mm·$3^{-1}h^{-1}$)	P_6/(mm·$6^{-1}h^{-1}$)
13	昌江区	鲇鱼山镇上徐村委会上徐组	上徐自然村	16.5	31.5	35	16.5	31.5	35	16.5	31.5	35	16.5	31.5	35
14	昌江区	鲇鱼山镇上徐村委会姚家岭组	姚家岭自然村	16.5	31.5	35	21.5	36.5	40	16.5	31.5	35	16.5	31.5	35
15	昌江区	鲇鱼山镇上徐村委会兰田组	兰田自然村	16.5	31.5	35	21.5	36.5	40	16.5	31.5	35	16.5	31.5	35
16	昌江区	鱼山镇关山村委会	关山老村	16.5	31.5	35	21.5	36.5	40	16.5	31.5	35	16.5	31.5	35
17	昌江区	鱼山镇关山村委会	港下村	16.5	31.5	35	26.5	41.5	45	16.5	31.5	35	21.5	36.5	40
18	昌江区	鱼山镇关山村委会	红门楼村	16.5	31.5	35	16.5	31.5	35	16.5	31.5	35	16.5	31.5	35
19	昌江区	鱼山镇关山村委会	刘家村	16.5	31.5	35	16.5	31.5	35	16.5	31.5	35	16.5	31.5	35

续表

序号	县（市、区）	城市低洼地段和易涝点名称	位置	模型（KNN）						模型（SVM）					
				一般内涝			严重内涝			一般内涝			严重内涝		
				P_1/(mm·h^{-1})	P_3/(mm·3^{-1}h^{-1})	P_6/(mm·6^{-1}h^{-1})	P_1/(mm·h^{-1})	P_3/(mm·3^{-1}h^{-1})	P_6/(mm·6^{-1}h^{-1})	P_1/(mm·h^{-1})	P_3/(mm·3^{-1}h^{-1})	P_6/(mm·6^{-1}h^{-1})	P_1/(mm·h^{-1})	P_3/(mm·3^{-1}h^{-1})	P_6/(mm·6^{-1}h^{-1})
20	昌江区	留阳村委会刘家村小组	村卫生室门口	16.5	31.5	35	26.5	41.5	45	16.5	31.5	35	21.5	36.5	40
21	昌江区	留阳村委会杨家村小组	休闲广场池塘边	16.5	31.5	35	16.5	31.5	35	16.5	31.5	35	16.5	31.5	35
22	昌江区	留阳村委会彭家滩小组	村沿河边	16.5	31.5	35	16.5	31.5	35	16.5	31.5	35	16.5	31.5	35
23	昌江区	留阳村委会沈家园小组	村前池塘边	16.5	31.5	35	26.5	41.5	45	16.5	31.5	35	21.5	36.5	40
24	昌江区	鱼山镇新柳村洪家组	洪家村	16.5	31.5	35	26.5	41.5	45	16.5	31.5	35	21.5	36.5	40
25	昌江区	鱼山镇新柳村马家组	马家村	16.5	31.5	35	16.5	31.5	35	16.5	31.5	35	16.5	31.5	35

续表

序号	县（市、区）	城市低洼地段和易涝点名称	位置	模型(KNN)						模型(SVM)					
				一般内涝			严重内涝			一般内涝			严重内涝		
				P_1/(mm·h^{-1})	P_3/(mm·3^{-1}h^{-1})	P_6/(mm·6^{-1}h^{-1})	P_1/(mm·h^{-1})	P_3/(mm·3^{-1}h^{-1})	P_6/(mm·6^{-1}h^{-1})	P_1/(mm·h^{-1})	P_3/(mm·3^{-1}h^{-1})	P_6/(mm·6^{-1}h^{-1})	P_1/(mm·h^{-1})	P_3/(mm·3^{-1}h^{-1})	P_6/(mm·6^{-1}h^{-1})
26	昌江区	鱼山镇新柳村严家组	严家村	16.5	31.5	35	26.5	41.5	45	16.5	31.5	35	21.5	36.5	40
27	昌江区	良港村吴家老村	吴家老村	16.5	31.5	35	21.5	36.5	40	16.5	31.5	35	16.5	31.5	35
28	昌江区	良港村张家村	张家村	16.5	31.5	35	26.5	41.5	45	16.5	31.5	35	21.5	36.5	40
29	昌江区	良港沙咀村	沙咀村	16.5	31.5	35	26.5	41.5	45	16.5	31.5	35	21.5	36.5	40
30	昌江区	鲇鱼山镇鱼山村	义城村环村路	16.5	31.5	35	21.5	36.5	40	16.5	31.5	35	16.5	31.5	35
31	昌江区	鲇鱼山镇鱼山村	鱼山府前路	16.5	31.5	35	16.5	31.5	35	16.5	31.5	35	16.5	31.5	35
32	昌江区	徐坊三门口	徐坊村	16.5	31.5	35	26.5	41.5	45	16.5	31.5	35	21.5	36.5	40
33	昌江区	徐坊一大塘边上	徐坊村	16.5	31.5	35	21.5	36.5	40	16.5	31.5	35	16.5	31.5	35

续表

序号	县（市、区）	城市低洼地段和易涝点名称	位置	模型（KNN）						模型（SVM）					
				一般内涝			严重内涝			一般内涝			严重内涝		
				P_1/（mm·h^{-1}）	P_3/（mm·$3^{-1}h^{-1}$）	P_6/（mm·$6^{-1}h^{-1}$）	P_1/（mm·h^{-1}）	P_3/（mm·$3^{-1}h^{-1}$）	P_6/（mm·$6^{-1}h^{-1}$）	P_1/（mm·h^{-1}）	P_3/（mm·$3^{-1}h^{-1}$）	P_6/（mm·$6^{-1}h^{-1}$）	P_1/（mm·h^{-1}）	P_3/（mm·$3^{-1}h^{-1}$）	P_6/（mm·$6^{-1}h^{-1}$）
34	昌江区	徐坊水闸西下头	徐坊村	16.5	31.5	35	16.5	31.5	35	16.5	31.5	35	16.5	31.5	35
35	昌江区	吕蒙乡历尧村	吕蒙乡历尧村二组方塘下	16.5	31.5	35	26.5	41.5	45	16.5	31.5	35	16.5	31.5	35
36	昌江区	吕蒙乡历尧村	吕蒙乡历尧村菜市场	16.5	31.5	35	16.5	31.5	35	16.5	31.5	35	16.5	31.5	35
37	昌江区	丽阳镇丽阳村委会丽阳组	古街	16.5	31.5	35	16.5	31.5	35	16.5	31.5	35	16.5	31.5	35
38	昌江区	丽阳镇丽阳村委会古田组	古田自然村	16.5	31.5	35	26.5	41.5	45	16.5	31.5	35	21.5	36.5	40
39	昌江区	丽阳镇丰田村委会福建组	福建自然村	16.5	31.5	35	21.5	36.5	40	16.5	31.5	35	16.5	31.5	35
40	昌江区	丽阳镇丰田村委会方家组	方家自然村	16.5	31.5	35	21.5	36.5	40	16.5	31.5	35	16.5	31.5	35

续表

序号	县（市、区）	城市低洼地段和易涝点名称	位置	模型(KNN)						模型(SVM)					
				一般内涝			严重内涝			一般内涝			严重内涝		
				P_1/(mm·h^{-1})	P_3/(mm·3^{-1}h^{-1})	P_6/(mm·6^{-1}h^{-1})	P_1/(mm·h^{-1})	P_3/(mm·3^{-1}h^{-1})	P_6/(mm·6^{-1}h^{-1})	P_1/(mm·h^{-1})	P_3/(mm·3^{-1}h^{-1})	P_6/(mm·6^{-1}h^{-1})	P_1/(mm·h^{-1})	P_3/(mm·3^{-1}h^{-1})	P_6/(mm·6^{-1}h^{-1})
41	昌江区	丽阳镇丰田村委会姜家组	姜家自然村	16.5	31.5	35	21.5	36.5	40	16.5	31.5	35	16.5	31.5	35
42	昌江区	丽阳镇丰田村委会新建组	新建自然村	16.5	31.5	35	26.5	41.5	45	16.5	31.5	35	21.5	36.5	40
43	昌江区	丽阳镇余家村委会余家组	余家自然村	16.5	31.5	35	16.5	31.5	35	16.5	31.5	35	16.5	31.5	35
44	昌江区	丽阳镇余家村委会石口组	石口自然村	16.5	31.5	35	16.5	31.5	35	16.5	31.5	35	16.5	31.5	35
45	昌江区	丽阳镇余家村委会大畈上组	大畈上自然村	16.5	31.5	35	16.5	31.5	35	16.5	31.5	35	16.5	31.5	35
46	昌江区	丽阳镇枫林村委会毛畈组	毛畈自然村	16.5	31.5	35	16.5	31.5	35	16.5	31.5	35	16.5	31.5	35

续表

序号	县（市、区）	城市低洼地段和易涝点名称	位置	模型(KNN)						模型(SVM)					
				一般内涝			严重内涝			一般内涝			严重内涝		
				P_1/(mm·h^{-1})	P_3/(mm·3^{-1}h^{-1})	P_6/(mm·6^{-1}h^{-1})	P_1/(mm·h^{-1})	P_3/(mm·3^{-1}h^{-1})	P_6/(mm·6^{-1}h^{-1})	P_1/(mm·h^{-1})	P_3/(mm·3^{-1}h^{-1})	P_6/(mm·6^{-1}h^{-1})	P_1/(mm·h^{-1})	P_3/(mm·3^{-1}h^{-1})	P_6/(mm·6^{-1}h^{-1})
47	昌江区	丽阳镇枫林村委会夏家湾组	夏家湾自然村	16.5	31.5	35	26.5	41.5	45	16.5	31.5	35	16.5	31.5	35
48	昌江区	丽阳镇枫林村委会枫林组	枫林自然村	16.5	31.5	35	16.5	31.5	35	16.5	31.5	35	16.5	31.5	35
49	昌江区	丽阳镇港南村委会港南组	港南老村	16.5	31.5	35	26.5	41.5	45	16.5	31.5	35	21.5	36.5	40
50	昌江区	丽阳镇洪家村委会洪家组	洪家自然村	16.5	31.5	35	26.5	41.5	45	16.5	31.5	35	21.5	36.5	40
51	昌江区	丽阳镇洪家村委会彭家组	彭家自然村	16.5	31.5	35	16.5	31.5	35	16.5	31.5	35	16.5	31.5	35
52	昌江区	荷塘乡杨湾村陈湾组	杨湾水库下游河道边	16.5	31.5	35	21.5	36.5	40	16.5	31.5	35	16.5	31.5	35

续表

序号	县（市、区）	城市低洼地段和易涝点名称	位置	模型（KNN）						模型（SVM）					
				一般内涝			严重内涝			一般内涝			严重内涝		
				P_1/(mm·h^{-1})	P_3/(mm·3^{-1}h^{-1})	P_6/(mm·6^{-1}h^{-1})	P_1/(mm·h^{-1})	P_3/(mm·3^{-1}h^{-1})	P_6/(mm·6^{-1}h^{-1})	P_1/(mm·h^{-1})	P_3/(mm·3^{-1}h^{-1})	P_6/(mm·6^{-1}h^{-1})	P_1/(mm·h^{-1})	P_3/(mm·3^{-1}h^{-1})	P_6/(mm·6^{-1}h^{-1})
53	昌江区	荷塘乡仓下村仓下组	仓下村河道边	16.5	31.5	35	16.5	31.5	35	16.5	31.5	35	16.5	31.5	35
54	昌江区	荷塘乡童坊村童坊组	童坊乡政府门口河道边	16.5	31.5	35	16.5	31.5	35	16.5	31.5	35	16.5	31.5	35

表 3.9　萍乡市内涝点预警雨量汇总表

序号	县（市、区）	城市低洼地段和易涝点名称	位置	模型（KNN）						模型（SVM）					
				一般内涝			严重内涝			一般内涝			严重内涝		
				P_1/(mm·h^{-1})	P_3/(mm·3^{-1}h^{-1})	P_6/(mm·6^{-1}h^{-1})	P_1/(mm·h^{-1})	P_3/(mm·3^{-1}h^{-1})	P_6/(mm·6^{-1}h^{-1})	P_1/(mm·h^{-1})	P_3/(mm·3^{-1}h^{-1})	P_6/(mm·6^{-1}h^{-1})	P_1/(mm·h^{-1})	P_3/(mm·3^{-1}h^{-1})	P_6/(mm·6^{-1}h^{-1})
1	经开区	万龙湾路段		16.5	31.5	35	16.5	31.5	35	16.5	31.5	35	16.5	31.5	35
2	湘东区	昌盛铁路涵洞		16.5	31.5	35	16.5	31.5	35	16.5	31.5	35	16.5	31.5	35

续表

序号	县（市、区）	城市低洼地段和易涝点名称	位置	模型(KNN)						模型(SVM)					
				一般内涝			严重内涝			一般内涝			严重内涝		
				P_1/(mm·h^{-1})	P_3/(mm·$3^{-1}h^{-1}$)	P_6/(mm·$6^{-1}h^{-1}$)	P_1/(mm·h^{-1})	P_3/(mm·$3^{-1}h^{-1}$)	P_6/(mm·$6^{-1}h^{-1}$)	P_1/(mm·h^{-1})	P_3/(mm·$3^{-1}h^{-1}$)	P_6/(mm·$6^{-1}h^{-1}$)	P_1/(mm·h^{-1})	P_3/(mm·$3^{-1}h^{-1}$)	P_6/(mm·$6^{-1}h^{-1}$)
3	湘东区	砚田路铁路涵洞		16.5	31.5	35	16.5	31.5	35	16.5	31.5	35	16.5	31.5	35
4	湘东区	电厂桥铁路下穿		16.5	31.5	35	21.5	36.5	40	16.5	31.5	35	16.5	31.5	35
5	湘东区	滨河北路昌盛桥周边		16.5	31.5	35	21.5	36.5	40	16.5	31.5	35	16.5	31.5	35
6	湘东区	九州市场		16.5	31.5	35	16.5	31.5	35	16.5	31.5	35	16.5	31.5	35
7	湘东区	诗源		16.5	31.5	35	16.5	31.5	35	16.5	31.5	35	16.5	31.5	35
8	湘东区	喻家洲		16.5	31.5	35	16.5	31.5	35	16.5	31.5	35	16.5	31.5	35
9	湘东区	火烧桥		16.5	31.5	35	16.5	31.5	35	16.5	31.5	35	16.5	31.5	35
10	湘东区	仁村		16.5	31.5	35	21.5	36.5	40	16.5	31.5	35	16.5	31.5	35
11	湘东区	滨河社区		16.5	31.5	35	16.5	31.5	35	16.5	31.5	35	16.5	31.5	35
12	湘东区	桐田村		16.5	31.5	35	21.5	36.5	40	16.5	31.5	35	16.5	31.5	35
13	湘东区	新村路铁路桥下		16.5	31.5	35	16.5	31.5	35	16.5	31.5	35	16.5	31.5	35

表 3.10 新余市内涝点预警雨量汇总表

序号	县（市、区）	城市低洼地段和易涝点名称	位置	模型（KNN）						模型（SVM）					
				一般内涝			严重内涝			一般内涝			严重内涝		
				P_1/(mm·h^{-1})	P_3/(mm·3^{-1}h^{-1})	P_6/(mm·6^{-1}h^{-1})	P_1/(mm·h^{-1})	P_3/(mm·3^{-1}h^{-1})	P_6/(mm·6^{-1}h^{-1})	P_1/(mm·h^{-1})	P_3/(mm·3^{-1}h^{-1})	P_6/(mm·6^{-1}h^{-1})	P_1/(mm·h^{-1})	P_3/(mm·3^{-1}h^{-1})	P_6/(mm·6^{-1}h^{-1})
1	市直	新欣南大道铁路下穿桥		16.5	31.5	35	26.5	41.5	45	16.5	31.5	35	16.5	31.5	35
2	市直	新欣南大道孔目江桥下穿桥		16.5	31.5	35	21.5	36.5	40	16.5	31.5	35	16.5	31.5	35
3	市直	新欣北大道互通桥下		16.5	31.5	35	26.5	41.5	45	16.5	31.5	35	16.5	31.5	35
4	市直	抱石公园门口及公园二路		16.5	31.5	35	16.5	31.5	35	16.5	31.5	35	16.5	31.5	35
5	市直	人民北路下穿桥		16.5	31.5	35	26.5	41.5	45	16.5	31.5	35	16.5	31.5	35
6	市直	站前花园小区		16.5	31.5	35	26.5	41.5	45	16.5	31.5	35	21.5	36.5	40
7	市直	中山路与赣西大道路口		16.5	31.5	35	16.5	31.5	35	16.5	31.5	35	16.5	31.5	35

续表

序号	县(市、区)	城市低洼地段和易涝点名称	位置	模型(KNN)						模型(SVM)					
				一般内涝			严重内涝			一般内涝			严重内涝		
				P_1/(mm·h^{-1})	P_3/(mm·3^{-1}h^{-1})	P_6/(mm·6^{-1}h^{-1})	P_1/(mm·h^{-1})	P_3/(mm·3^{-1}h^{-1})	P_6/(mm·6^{-1}h^{-1})	P_1/(mm·h^{-1})	P_3/(mm·3^{-1}h^{-1})	P_6/(mm·6^{-1}h^{-1})	P_1/(mm·h^{-1})	P_3/(mm·3^{-1}h^{-1})	P_6/(mm·6^{-1}h^{-1})
8	市直	中山路与北湖路路口		16.5	31.5	35	21.5	36.5	40	16.5	31.5	35	16.5	31.5	35
9	市直	沿江路互通桥下		16.5	31.5	35	26.5	41.5	45	16.5	31.5	35	21.5	36.5	40
10	市直	沿江路一水天城路段		16.5	31.5	35	26.5	41.5	45	16.5	31.5	35	16.5	31.5	35
11	市直	毛家圆盘		16.5	31.5	35	16.5	31.5	35	16.5	31.5	35	16.5	31.5	35
12	市直	学思路与丰源路交叉口		16.5	31.5	35	26.5	41.5	45	16.5	31.5	35	16.5	31.5	35
13	市直	长林路南路及北湖路(四中段)		16.5	31.5	35	16.5	31.5	35	16.5	31.5	35	16.5	31.5	35
14	市直	通济路(市三中段)		16.5	31.5	35	16.5	31.5	35	16.5	31.5	35	16.5	31.5	35

续表

序号	县（市、区）	城市低洼地段和易涝点名称	位置	模型(KNN)						模型(SVM)					
				一般内涝			严重内涝			一般内涝			严重内涝		
				P_1/(mm·h^{-1})	P_3/(mm·$3^{-1}h^{-1}$)	P_6/(mm·$6^{-1}h^{-1}$)	P_1/(mm·h^{-1})	P_3/(mm·$3^{-1}h^{-1}$)	P_6/(mm·$6^{-1}h^{-1}$)	P_1/(mm·h^{-1})	P_3/(mm·$3^{-1}h^{-1}$)	P_6/(mm·$6^{-1}h^{-1}$)	P_1/(mm·h^{-1})	P_3/(mm·$3^{-1}h^{-1}$)	P_6/(mm·$6^{-1}h^{-1}$)
15	市直	新钢沁园桥下		16.5	31.5	35	16.5	31.5	35	16.5	31.5	35	16.5	31.5	35
16	高新区	龙腾路易涝点		16.5	31.5	35	26.5	41.5	45	16.5	31.5	35	21.5	36.5	40
17	仙女湖区	万商红南门		16.5	31.5	35	26.5	41.5	45	16.5	31.5	35	21.5	36.5	40
18	渝水区	新溪乡城头村委老屋里村		16.5	31.5	35	16.5	31.5	35	16.5	31.5	35	16.5	31.5	35
19	渝水区	新溪乡明星村委垅上村		16.5	31.5	35	26.5	41.5	45	16.5	31.5	35	21.5	36.5	40
20	渝水区	新溪乡泗溪村委桥头村		16.5	31.5	35	26.5	41.5	45	16.5	31.5	35	21.5	36.5	40
21	渝水区	新溪乡楼下村委新屋下村		16.5	31.5	35	21.5	36.5	40	16.5	31.5	35	16.5	31.5	35

续表

序号	县（市、区）	城市低洼地段和易涝点名称	位置	模型（KNN）						模型（SVM）					
				一般内涝			严重内涝			一般内涝			严重内涝		
				P_1/（mm·h^{-1}）	P_3/（mm·$3^{-1}h^{-1}$）	P_6/（mm·$6^{-1}h^{-1}$）	P_1/（mm·h^{-1}）	P_3/（mm·$3^{-1}h^{-1}$）	P_6/（mm·$6^{-1}h^{-1}$）	P_1/（mm·h^{-1}）	P_3/（mm·$3^{-1}h^{-1}$）	P_6/（mm·$6^{-1}h^{-1}$）	P_1/（mm·h^{-1}）	P_3/（mm·$3^{-1}h^{-1}$）	P_6/（mm·$6^{-1}h^{-1}$）
22	渝水区	新溪乡龙尾洲村委		16.5	31.5	35	16.5	31.5	35	16.5	31.5	35	16.5	31.5	35
23	渝水区	新溪乡稍埄村委埠头村		16.5	31.5	35	16.5	31.5	35	16.5	31.5	35	16.5	31.5	35
24	渝水区	新溪乡均溪村委下龚村		16.5	31.5	35	21.5	36.5	40	16.5	31.5	35	16.5	31.5	35
25	渝水区	新溪乡后溪村委后溪村		16.5	31.5	35	16.5	31.5	35	16.5	31.5	35	16.5	31.5	35
26	渝水区	南安乡显华村委港里村小组		16.5	31.5	35	26.5	41.5	45	16.5	31.5	35	21.5	36.5	40
27	渝水区	姚圩镇蒋家村委上蒋村		16.5	31.5	35	26.5	41.5	45	16.5	31.5	35	21.5	36.5	40

续表

序号	县（市、区）	城市低洼地段和易涝点名称	位置	模型(KNN)						模型(SVM)					
				一般内涝			严重内涝			一般内涝			严重内涝		
				P_1/(mm·h^{-1})	P_3/(mm·$3^{-1}h^{-1}$)	P_6/(mm·$6^{-1}h^{-1}$)	P_1/(mm·h^{-1})	P_3/(mm·$3^{-1}h^{-1}$)	P_6/(mm·$6^{-1}h^{-1}$)	P_1/(mm·h^{-1})	P_3/(mm·$3^{-1}h^{-1}$)	P_6/(mm·$6^{-1}h^{-1}$)	P_1/(mm·h^{-1})	P_3/(mm·$3^{-1}h^{-1}$)	P_6/(mm·$6^{-1}h^{-1}$)
28	渝水区	姚圩镇高湖村委下屋村		16.5	31.5	35	26.5	41.5	45	16.5	31.5	35	21.5	36.5	40
29	渝水区	姚圩镇南河村委老屋村		16.5	31.5	35	26.5	41.5	45	16.5	31.5	35	21.5	36.5	40
30	渝水区	罗坊镇院前村委咸宜村		16.5	31.5	35	16.5	31.5	35	16.5	31.5	35	16.5	31.5	35
31	渝水区	罗坊镇邦甫村委上坑口村		16.5	31.5	35	16.5	31.5	35	16.5	31.5	35	16.5	31.5	35
32	渝水区	罗坊镇松林村委村部		16.5	31.5	35	26.5	41.5	45	16.5	31.5	35	16.5	31.5	35
33	渝水区	南安乡显华村委棉花田村小组		16.5	31.5	35	26.5	41.5	45	16.5	31.5	35	21.5	36.5	40

续表

序号	县（市、区）	城市低洼地段和易涝点名称	位置	模型(KNN)						模型(SVM)					
				一般内涝			严重内涝			一般内涝			严重内涝		
				P_1/(mm·h^{-1})	P_3/(mm·3^{-1}h^{-1})	P_6/(mm·6^{-1}h^{-1})	P_1/(mm·h^{-1})	P_3/(mm·3^{-1}h^{-1})	P_6/(mm·6^{-1}h^{-1})	P_1/(mm·h^{-1})	P_3/(mm·3^{-1}h^{-1})	P_6/(mm·6^{-1}h^{-1})	P_1/(mm·h^{-1})	P_3/(mm·3^{-1}h^{-1})	P_6/(mm·6^{-1}h^{-1})
34	渝水区	南安乡显华村委洋溪村小组		16.5	31.5	35	16.5	31.5	35	16.5	31.5	35	16.5	31.5	35
35	渝水区	南安乡显华村委联河自然村		16.5	31.5	35	26.5	41.5	45	16.5	31.5	35	21.5	36.5	40
36	渝水区	南安乡荆兰村荆兰新村		16.5	31.5	35	16.5	31.5	35	16.5	31.5	35	16.5	31.5	35
37	渝水区	南安乡荆兰村潢溪自然村		16.5	31.5	35	16.5	31.5	35	16.5	31.5	35	16.5	31.5	35
38	渝水区	南安乡荆南村廖家村		16.5	31.5	35	16.5	31.5	35	16.5	31.5	35	16.5	31.5	35

表 3.11　鹰潭市内涝点预警雨量汇总表

序号	县（市、区）	城市低洼地段和易涝点名称	位置	模型（KNN）						模型（SVM）					
				一般内涝			严重内涝			一般内涝			严重内涝		
				$P_1/(mm \cdot h^{-1})$	$P_3/(mm \cdot 3^{-1}h^{-1})$	$P_6/(mm \cdot 6^{-1}h^{-1})$	$P_1/(mm \cdot h^{-1})$	$P_3/(mm \cdot 3^{-1}h^{-1})$	$P_6/(mm \cdot 6^{-1}h^{-1})$	$P_1/(mm \cdot h^{-1})$	$P_3/(mm \cdot 3^{-1}h^{-1})$	$P_6/(mm \cdot 6^{-1}h^{-1})$	$P_1/(mm \cdot h^{-1})$	$P_3/(mm \cdot 3^{-1}h^{-1})$	$P_6/(mm \cdot 6^{-1}h^{-1})$
1	月湖区	天洁西湖嘉苑地下停车场		16.5	31.5	35	16.5	31.5	35	16.5	31.5	35	16.5	31.5	35
2	月湖区	华奥小区门口		16.5	31.5	35	26.5	41.5	45	16.5	31.5	35	21.5	36.5	40
3	月湖区	莲花南路9区		16.5	31.5	35	26.5	41.5	45	16.5	31.5	35	21.5	36.5	40
4	月湖区	四海路8－12号		16.5	31.5	35	21.5	36.5	40	16.5	31.5	35	16.5	31.5	35
5	月湖区	立新巷5号(立新出入口)		16.5	31.5	35	16.5	31.5	35	16.5	31.5	35	16.5	31.5	35
6	月湖区	胜利东路6号地下车库		16.5	31.5	35	16.5	31.5	35	16.5	31.5	35	16.5	31.5	35
7	月湖区	四青巷		16.5	31.5	35	16.5	31.5	35	16.5	31.5	35	16.5	31.5	35
8	月湖区	朱埠刘家、杨家		16.5	31.5	35	26.5	41.5	45	16.5	31.5	35	16.5	31.5	35

续表

序号	县（市、区）	城市低洼地段和易涝点名称	位置	模型（KNN）						模型（SVM）					
				一般内涝			严重内涝			一般内涝			严重内涝		
				P_1/（mm·h^{-1}）	P_3/（mm·$3^{-1}h^{-1}$）	P_6/（mm·$6^{-1}h^{-1}$）	P_1/（mm·h^{-1}）	P_3/（mm·$3^{-1}h^{-1}$）	P_6/（mm·$6^{-1}h^{-1}$）	P_1/（mm·h^{-1}）	P_3/（mm·$3^{-1}h^{-1}$）	P_6/（mm·$6^{-1}h^{-1}$）	P_1/（mm·h^{-1}）	P_3/（mm·$3^{-1}h^{-1}$）	P_6/（mm·$6^{-1}h^{-1}$）
9	月湖区	老师范桥洞		16.5	31.5	35	26.5	41.5	45	16.5	31.5	35	16.5	31.5	35
10	月湖区	院里路1路		16.5	31.5	35	16.5	31.5	35	16.5	31.5	35	16.5	31.5	35
11	月湖区	化溪腰上吴家		16.5	31.5	35	26.5	41.5	45	16.5	31.5	35	21.5	36.5	40
12	月湖区	官山曾家		16.5	31.5	35	26.5	41.5	45	16.5	31.5	35	16.5	31.5	35
13	月湖区	西门涵洞		16.5	31.5	35	16.5	31.5	35	16.5	31.5	35	16.5	31.5	35
14	月湖区	平安路3号农科所大楼对面民房		16.5	31.5	35	16.5	31.5	35	16.5	31.5	35	16.5	31.5	35
15	月湖区	三角线32栋西侧		16.5	31.5	35	16.5	31.5	35	16.5	31.5	35	16.5	31.5	35
16	高新区	和谐路水晶馆店路段		16.5	31.5	35	16.5	31.5	35	16.5	31.5	35	16.5	31.5	35

续表

序号	县（市、区）	城市低洼地段和易涝点名称	位置	模型(KNN)						模型(SVM)					
				一般内涝			严重内涝			一般内涝			严重内涝		
				P_1/(mm·h^{-1})	P_3/(mm·$3^{-1}h^{-1}$)	P_6/(mm·$6^{-1}h^{-1}$)	P_1/(mm·h^{-1})	P_3/(mm·$3^{-1}h^{-1}$)	P_6/(mm·$6^{-1}h^{-1}$)	P_1/(mm·h^{-1})	P_3/(mm·$3^{-1}h^{-1}$)	P_6/(mm·$6^{-1}h^{-1}$)	P_1/(mm·h^{-1})	P_3/(mm·$3^{-1}h^{-1}$)	P_6/(mm·$6^{-1}h^{-1}$)
17	高新区	万宝至路宏磊铜业路段		16.5	31.5	35	26.5	41.5	45	16.5	31.5	35	21.5	36.5	40
18	高新区	工业一路		16.5	31.5	35	16.5	31.5	35	16.5	31.5	35	16.5	31.5	35
19	高新区	陶瓷厂东侧		16.5	31.5	35	26.5	41.5	45	16.5	31.5	35	21.5	36.5	40
20	高新区	乌寅河湖塘水闸上游		16.5	31.5	35	21.5	36.5	40	16.5	31.5	35	16.5	31.5	35
21	高新区	倪家双港口村		16.5	31.5	35	16.5	31.5	35	16.5	31.5	35	16.5	31.5	35
22	市本级	上清镇 S207 蛟洵线 K 243 + 100		16.5	31.5	35	26.5	41.5	45	16.5	31.5	35	21.5	36.5	40
23	市本级	上清镇应天村		16.5	31.5	35	16.5	31.5	35	16.5	31.5	35	16.5	31.5	35
24	市本级	白露涵洞		16.5	31.5	35	16.5	31.5	35	16.5	31.5	35	16.5	31.5	35

续表

序号	县（市、区）	城市低洼地段和易涝点名称	位置	模型（KNN）						模型（SVM）					
				一般内涝			严重内涝			一般内涝			严重内涝		
				P_1/(mm·h^{-1})	P_3/(mm·3^{-1}h^{-1})	P_6/(mm·6^{-1}h^{-1})	P_1/(mm·h^{-1})	P_3/(mm·3^{-1}h^{-1})	P_6/(mm·6^{-1}h^{-1})	P_1/(mm·h^{-1})	P_3/(mm·3^{-1}h^{-1})	P_6/(mm·6^{-1}h^{-1})	P_1/(mm·h^{-1})	P_3/(mm·3^{-1}h^{-1})	P_6/(mm·6^{-1}h^{-1})
25	市本级	海亮首府小区门口		16.5	31.5	35	26.5	41.5	45	16.5	31.5	35	21.5	36.5	40
26	市本级	鹰潭公园		16.5	31.5	35	26.5	41.5	45	16.5	31.5	35	21.5	36.5	40
27	市本级	龙虎山桥下小游园		16.5	31.5	35	16.5	31.5	35	16.5	31.5	35	16.5	31.5	35
28	市本级	鹰潭公园		16.5	31.5	35	16.5	31.5	35	16.5	31.5	35	16.5	31.5	35
29	市本级	环湖水边		16.5	31.5	35	26.5	41.5	45	16.5	31.5	35	16.5	31.5	35
30	市本级	高铁北站北面绿地		16.5	31.5	35	16.5	31.5	35	16.5	31.5	35	16.5	31.5	35
31	市本级	信江公园沿河边		16.5	31.5	35	21.5	36.5	40	16.5	31.5	35	16.5	31.5	35
32	市本级	龙潭公园沿湖边		16.5	31.5	35	26.5	41.5	45	16.5	31.5	35	21.5	36.5	40
33	市本级	信江一期鹰东桥下		16.5	31.5	35	26.5	41.5	45	16.5	31.5	35	21.5	36.5	40
34	市本级	信江二期浮桥头至二层亲水平台		16.5	31.5	35	16.5	31.5	35	16.5	31.5	35	16.5	31.5	35

续表

序号	县（市、区）	城市低洼地段和易涝点名称	位置	模型(KNN)						模型(SVM)					
				一般内涝			严重内涝			一般内涝			严重内涝		
				P_1/(mm·h^{-1})	P_3/(mm·3^{-1}h^{-1})	P_6/(mm·6^{-1}h^{-1})	P_1/(mm·h^{-1})	P_3/(mm·3^{-1}h^{-1})	P_6/(mm·6^{-1}h^{-1})	P_1/(mm·h^{-1})	P_3/(mm·3^{-1}h^{-1})	P_6/(mm·6^{-1}h^{-1})	P_1/(mm·h^{-1})	P_3/(mm·3^{-1}h^{-1})	P_6/(mm·6^{-1}h^{-1})
35	市本级	信江大桥下广场两侧亲水平台		16.5	31.5	35	21.5	36.5	40	16.5	31.5	35	16.5	31.5	35
36	市本级	东湖公园（内涝）		16.5	31.5	35	16.5	31.5	35	16.5	31.5	35	16.5	31.5	35
37	市本级	月牙湖（内涝）		16.5	31.5	35	21.5	36.5	40	16.5	31.5	35	16.5	31.5	35
38	市本级	梅园公园		16.5	31.5	35	26.5	41.5	45	16.5	31.5	35	21.5	36.5	40
39	月湖区	平安路 1 号入口路面		16.5	31.5	35	16.5	31.5	35	16.5	31.5	35	16.5	31.5	35
40	月湖区	朱埠刘家老村		16.5	31.5	35	26.5	41.5	45	16.5	31.5	35	16.5	31.5	35
41	月湖区	朱埠心家泊		16.5	31.5	35	26.5	41.5	45	16.5	31.5	35	21.5	36.5	40
42	月湖区	朱埠杨家		16.5	31.5	35	16.5	31.5	35	16.5	31.5	35	16.5	31.5	35
43	月湖区	朱埠杨家村老村		16.5	31.5	35	26.5	41.5	45	16.5	31.5	35	16.5	31.5	35

表 3.12　赣州市内涝点预警雨量汇总表

序号	县（市、区）	城市低洼地段和易涝点名称	位置	模型(KNN)						模型(SVM)					
				一般内涝			严重内涝			一般内涝			严重内涝		
				P_1/(mm·h^{-1})	P_3/(mm·$3^{-1}h^{-1}$)	P_6/(mm·$6^{-1}h^{-1}$)	P_1/(mm·h^{-1})	P_3/(mm·$3^{-1}h^{-1}$)	P_6/(mm·$6^{-1}h^{-1}$)	P_1/(mm·h^{-1})	P_3/(mm·$3^{-1}h^{-1}$)	P_6/(mm·$6^{-1}h^{-1}$)	P_1/(mm·h^{-1})	P_3/(mm·$3^{-1}h^{-1}$)	P_6/(mm·$6^{-1}h^{-1}$)
1	章贡区	南外街道营角上23号玻璃厂宿舍	营角上23号	16.5	31.5	35	16.5	31.5	35	16.5	31.5	35	16.5	31.5	35
2	章贡区	东外街道八一四大道与关刀坪路口	八一四大道与关刀坪交界口	16.5	31.5	35	21.5	36.5	40	16.5	31.5	35	16.5	31.5	35
3	章贡区	腊长村坝下六组	三明路	16.5	31.5	35	16.5	31.5	35	16.5	31.5	35	16.5	31.5	35
4	章贡区	南桥村毛家返迁地	钨都大道	16.5	31.5	35	26.5	41.5	45	16.5	31.5	35	21.5	36.5	40
5	章贡区	南桥村五组	赞贤路	16.5	31.5	35	26.5	41.5	45	16.5	31.5	35	16.5	31.5	35
6	南康区	赣南大道/康养中心易涝点	康养中心段	16.5	31.5	35	26.5	41.5	45	16.5	31.5	35	21.5	36.5	40

续表

序号	县（市、区）	城市低洼地段和易涝点名称	位置	模型(KNN)						模型(SVM)					
				一般内涝			严重内涝			一般内涝			严重内涝		
				P_1/(mm·h^{-1})	P_3/(mm·3^{-1}h^{-1})	P_6/(mm·6^{-1}h^{-1})	P_1/(mm·h^{-1})	P_3/(mm·3^{-1}h^{-1})	P_6/(mm·6^{-1}h^{-1})	P_1/(mm·h^{-1})	P_3/(mm·3^{-1}h^{-1})	P_6/(mm·6^{-1}h^{-1})	P_1/(mm·h^{-1})	P_3/(mm·3^{-1}h^{-1})	P_6/(mm·6^{-1}h^{-1})
7	南康区	东山北路/东顺园易涝点	东顺园段	16.5	31.5	35	26.5	41.5	45	16.5	31.5	35	16.5	31.5	35
8	南康区	苏访贤大道/和谐大道立交箱涵易涝点	和谐城立交箱涵	16.5	31.5	35	16.5	31.5	35	16.5	31.5	35	16.5	31.5	35
9	赣州经济技术开发区	金岭西路（黄金大道—曼妮芬路）	金岭西路曼妮芬工厂前	16.5	31.5	35	16.5	31.5	35	16.5	31.5	35	16.5	31.5	35
10	赣州经济技术开发区	黄金大道杨坑段	黄金大道与金坪西路交叉口(西城广场)	16.5	31.5	35	26.5	41.5	45	16.5	31.5	35	21.5	36.5	40

表 3.13　宜春市内涝点预警雨量汇总表

序号	县（市、区）	城市低洼地段和易涝点名称	位置	模型(KNN)						模型(SVM)					
				一般内涝			严重内涝			一般内涝			严重内涝		
				P_1/(mm·h^{-1})	P_3/(mm·$3^{-1}h^{-1}$)	P_6/(mm·$6^{-1}h^{-1}$)	P_1/(mm·h^{-1})	P_3/(mm·$3^{-1}h^{-1}$)	P_6/(mm·$6^{-1}h^{-1}$)	P_1/(mm·h^{-1})	P_3/(mm·$3^{-1}h^{-1}$)	P_6/(mm·$6^{-1}h^{-1}$)	P_1/(mm·h^{-1})	P_3/(mm·$3^{-1}h^{-1}$)	P_6/(mm·$6^{-1}h^{-1}$)
1	宜阳新区	尚品国际		16.5	31.5	35	16.5	31.5	35	16.5	31.5	35	16.5	31.5	35
2	宜阳新区	沪昆高速桥下		16.5	31.5	35	26.5	41.5	45	16.5	31.5	35	16.5	31.5	35
3	宜阳新区	赣西大桥下		16.5	31.5	35	26.5	41.5	45	16.5	31.5	35	16.5	31.5	35
4	宜阳新区	天虹门口		16.5	31.5	35	16.5	31.5	35	16.5	31.5	35	16.5	31.5	35
5	宜阳新区	明月北路与高安路交叉路口金丰大厦门口		16.5	31.5	35	31.5	46.5	50	16.5	31.5	35	16.5	31.5	35
6	宜阳新区	官园路		16.5	31.5	35	26.5	41.5	45	16.5	31.5	35	16.5	31.5	35
7	袁州区	明月立交桥下铁路货场附近区域		16.5	31.5	35	16.5	31.5	35	16.5	31.5	35	16.5	31.5	35

续表

序号	县(市、区)	城市低洼地段和易涝点名称	位置	模型(KNN)						模型(SVM)					
				一般内涝			严重内涝			一般内涝			严重内涝		
				P_1/(mm·h^{-1})	P_3/(mm·3^{-1}h^{-1})	P_6/(mm·6^{-1}h^{-1})	P_1/(mm·h^{-1})	P_3/(mm·3^{-1}h^{-1})	P_6/(mm·6^{-1}h^{-1})	P_1/(mm·h^{-1})	P_3/(mm·3^{-1}h^{-1})	P_6/(mm·6^{-1}h^{-1})	P_1/(mm·h^{-1})	P_3/(mm·3^{-1}h^{-1})	P_6/(mm·6^{-1}h^{-1})
8	袁州区	凤凰春晓北门口		16.5	31.5	35	26.5	41.5	45	16.5	31.5	35	21.5	36.5	40
9	袁州区	平安路汽车西站与学府路交叉口红绿灯右拐车道至中央公馆附近		16.5	31.5	35	26.5	41.5	45	16.5	31.5	35	16.5	31.5	35
10	袁州区	林桥社区门前十字路口		16.5	31.5	35	26.5	41.5	45	16.5	31.5	35	21.5	36.5	40
11	袁州区	窑前红绿灯交叉口		16.5	31.5	35	21.5	36.5	40	16.5	31.5	35	16.5	31.5	35
12	袁州区	塔下地下人行通道		16.5	31.5	35	16.5	31.5	35	16.5	31.5	35	16.5	31.5	35
13	袁州区	风动地下人行通道		16.5	31.5	35	26.5	41.5	45	16.5	31.5	35	16.5	31.5	35

续表

序号	县(市、区)	城市低洼地段和易涝点名称	位置	模型(KNN)						模型(SVM)					
				一般内涝			严重内涝			一般内涝			严重内涝		
				P_1/(mm·h^{-1})	P_3/(mm·3^{-1}h^{-1})	P_6/(mm·6^{-1}h^{-1})	P_1/(mm·h^{-1})	P_3/(mm·3^{-1}h^{-1})	P_6/(mm·6^{-1}h^{-1})	P_1/(mm·h^{-1})	P_3/(mm·3^{-1}h^{-1})	P_6/(mm·6^{-1}h^{-1})	P_1/(mm·h^{-1})	P_3/(mm·3^{-1}h^{-1})	P_6/(mm·6^{-1}h^{-1})
14	经开区	春顺路以西		16.5	31.5	35	16.5	31.5	35	16.5	31.5	35	16.5	31.5	35

表 3.14　上饶市内涝点预警雨量汇总表

序号	县(市、区)	城市低洼地段和易涝点名称	位置	模型(KNN)						模型(SVM)					
				一般内涝			严重内涝			一般内涝			严重内涝		
				P_1/(mm·h^{-1})	P_3/(mm·3^{-1}h^{-1})	P_6/(mm·6^{-1}h^{-1})	P_1/(mm·h^{-1})	P_3/(mm·3^{-1}h^{-1})	P_6/(mm·6^{-1}h^{-1})	P_1/(mm·h^{-1})	P_3/(mm·3^{-1}h^{-1})	P_6/(mm·6^{-1}h^{-1})	P_1/(mm·h^{-1})	P_3/(mm·3^{-1}h^{-1})	P_6/(mm·6^{-1}h^{-1})
1	市本级	凤凰大道铁路桥底		16.5	31.5	35	21.5	36.5	40	16.5	31.5	35	16.5	31.5	35
2	市本级	凤凰大道广平街路口		16.5	31.5	35	16.5	31.5	35	16.5	31.5	35	16.5	31.5	35
3	市本级	三清山大道交警支队门口		16.5	31.5	35	16.5	31.5	35	16.5	31.5	35	16.5	31.5	35
4	市本级	滨江路万达2号门		16.5	31.5	35	26.5	41.5	45	16.5	31.5	35	16.5	31.5	35

续表

序号	县（市、区）	城市低洼地段和易涝点名称	位置	模型（KNN）						模型（SVM）					
				一般内涝			严重内涝			一般内涝			严重内涝		
				P_1/（mm·h^{-1}）	P_3/（mm·$3^{-1}h^{-1}$）	P_6/（mm·$6^{-1}h^{-1}$）	P_1/（mm·h^{-1}）	P_3/（mm·$3^{-1}h^{-1}$）	P_6/（mm·$6^{-1}h^{-1}$）	P_1/（mm·h^{-1}）	P_3/（mm·$3^{-1}h^{-1}$）	P_6/（mm·$6^{-1}h^{-1}$）	P_1/（mm·h^{-1}）	P_3/（mm·$3^{-1}h^{-1}$）	P_6/（mm·$6^{-1}h^{-1}$）
5	市本级	滨江路维也纳智好酒店		16.5	31.5	35	31.5	46.5	50	16.5	31.5	35	16.5	31.5	35
6	市本级	滨江路胜利大桥底		16.5	31.5	35	26.5	41.5	45	16.5	31.5	35	21.5	36.5	40
7	市本级	五三延伸段（水厂至站前大道）		16.5	31.5	35	26.5	41.5	45	16.5	31.5	35	16.5	31.5	35
8	市本级	广场红绿灯		16.5	31.5	35	26.5	41.5	45	16.5	31.5	35	16.5	31.5	35
9	市本级	胜利路与带湖路交接处		16.5	31.5	35	26.5	41.5	45	16.5	31.5	35	21.5	36.5	40
10	市本级	铁路医院红绿灯		16.5	31.5	35	16.5	31.5	35	16.5	31.5	35	16.5	31.5	35
11	市本级	书院路市医院至刘家坞路口		16.5	31.5	35	26.5	41.5	45	16.5	31.5	35	21.5	36.5	40

续表

序号	县（市、区）	城市低洼地段和易涝点名称	位置	模型(KNN)						模型(SVM)					
				一般内涝			严重内涝			一般内涝			严重内涝		
				P_1/(mm·h^{-1})	P_3/(mm·3^{-1}h^{-1})	P_6/(mm·6^{-1}h^{-1})	P_1/(mm·h^{-1})	P_3/(mm·3^{-1}h^{-1})	P_6/(mm·6^{-1}h^{-1})	P_1/(mm·h^{-1})	P_3/(mm·3^{-1}h^{-1})	P_6/(mm·6^{-1}h^{-1})	P_1/(mm·h^{-1})	P_3/(mm·3^{-1}h^{-1})	P_6/(mm·6^{-1}h^{-1})
12	市本级	三清山大道和景园		16.5	31.5	35	26.5	41.5	45	16.5	31.5	35	21.5	36.5	40
13	市本级	紫阳大道与信州大道交接处（民谣故事门口）		16.5	31.5	35	16.5	31.5	35	16.5	31.5	35	16.5	31.5	35
14	市本级	茶圣路海西酒店门口		16.5	31.5	35	16.5	31.5	35	16.5	31.5	35	16.5	31.5	35
15	市本级	三清山大道延伸段博悦酒店对面		16.5	31.5	35	16.5	31.5	35	16.5	31.5	35	16.5	31.5	35
16	市本级	高铁站环路		16.5	31.5	35	26.5	41.5	45	16.5	31.5	35	16.5	31.5	35
17	信州区	丰溪桥底		16.5	31.5	35	16.5	31.5	35	16.5	31.5	35	16.5	31.5	35

续表

序号	县（市、区）	城市低洼地段和易涝点名称	位置	模型(KNN)						模型(SVM)					
				一般内涝			严重内涝			一般内涝			严重内涝		
				P_1/(mm·h^{-1})	P_3/(mm·3^{-1}h^{-1})	P_6/(mm·6^{-1}h^{-1})	P_1/(mm·h^{-1})	P_3/(mm·3^{-1}h^{-1})	P_6/(mm·6^{-1}h^{-1})	P_1/(mm·h^{-1})	P_3/(mm·3^{-1}h^{-1})	P_6/(mm·6^{-1}h^{-1})	P_1/(mm·h^{-1})	P_3/(mm·3^{-1}h^{-1})	P_6/(mm·6^{-1}h^{-1})
18	信州区	叶挺大道与兰子路交叉口		16.5	31.5	35	16.5	31.5	35	16.5	31.5	35	16.5	31.5	35
19	信州区	破塘路六中		16.5	31.5	35	26.5	41.5	45	16.5	31.5	35	16.5	31.5	35
20	经开区	蓝江大道（铁路桥下）		16.5	31.5	35	21.5	36.5	40	16.5	31.5	35	16.5	31.5	35
21	经开区	世纪大道（高速桥下）		16.5	31.5	35	26.5	41.5	45	16.5	31.5	35	21.5	36.5	40
22	经开区	晶科大道（蓝江路口）		16.5	31.5	35	16.5	31.5	35	16.5	31.5	35	16.5	31.5	35
23	经开区	上铅快速通道（吴洲小镇）		16.5	31.5	35	16.5	31.5	35	16.5	31.5	35	16.5	31.5	35

表 3.15　吉安市内涝点预警雨量汇总表

序号	县（市、区）	城市低洼地段和易涝点名称	位置	模型(KNN)						模型(SVM)					
				一般内涝			严重内涝			一般内涝			严重内涝		
				P_1/(mm·h^{-1})	P_3/(mm·3^{-1}h^{-1})	P_6/(mm·6^{-1}h^{-1})	P_1/(mm·h^{-1})	P_3/(mm·3^{-1}h^{-1})	P_6/(mm·6^{-1}h^{-1})	P_1/(mm·h^{-1})	P_3/(mm·3^{-1}h^{-1})	P_6/(mm·6^{-1}h^{-1})	P_1/(mm·h^{-1})	P_3/(mm·3^{-1}h^{-1})	P_6/(mm·6^{-1}h^{-1})
1	吉州区	桃源盛景小区	永叔街道吉福路社区	16.5	31.5	35	16.5	31.5	35	16.5	31.5	35	16.5	31.5	35
2	吉州区	先锋小区附15号	习溪桥街道先锋大队	16.5	31.5	35	16.5	31.5	35	16.5	31.5	35	16.5	31.5	35
3	吉州区	金庐一号小区	电子产业服务中心，仁寿山社区	16.5	31.5	35	31.5	46.5	50	16.5	31.5	35	16.5	31.5	35
4	吉州区	湖滨御景园小区	电子产业服务中心，仁寿山社区	16.5	31.5	35	31.5	46.5	50	16.5	31.5	35	16.5	31.5	35
5	吉州区	港龙上宾道小区	电子产业服务中心，螺子山社区	16.5	31.5	35	16.5	31.5	35	16.5	31.5	35	16.5	31.5	35
6	吉州区	聚源公馆二期小区	电子产业服务中心，螺子山社区	16.5	31.5	35	26.5	41.5	45	16.5	31.5	35	16.5	31.5	35
7	吉州区	湖滨华府小区	电子产业服务中心，仁寿山社区	16.5	31.5	35	31.5	46.5	50	16.5	31.5	35	16.5	31.5	35

续表

序号	县（市、区）	城市低洼地段和易涝点名称	位置	模型(KNN)						模型(SVM)					
				一般内涝			严重内涝			一般内涝			严重内涝		
				P_1/(mm·h^{-1})	P_3/(mm·$3^{-1}h^{-1}$)	P_6/(mm·$6^{-1}h^{-1}$)	P_1/(mm·h^{-1})	P_3/(mm·$3^{-1}h^{-1}$)	P_6/(mm·$6^{-1}h^{-1}$)	P_1/(mm·h^{-1})	P_3/(mm·$3^{-1}h^{-1}$)	P_6/(mm·$6^{-1}h^{-1}$)	P_1/(mm·h^{-1})	P_3/(mm·$3^{-1}h^{-1}$)	P_6/(mm·$6^{-1}h^{-1}$)
8	吉州区	创天颐园小区	古南街道桃树下社区	16.5	31.5	35	26.5	41.5	45	16.5	31.5	35	21.5	36.5	40
9	吉州区	鹭洲观澜小区	古南街道火头门社区	16.5	31.5	35	16.5	31.5	35	16.5	31.5	35	16.5	31.5	35
10	吉州区	水岸名都	北门街道北门桥社区	16.5	31.5	35	16.5	31.5	35	16.5	31.5	35	16.5	31.5	35
11	吉州区	白塘街道	江子头村南侧	16.5	31.5	35	41.5	56.5	60	16.5	31.5	35	16.5	31.5	35
12	吉州区	白塘街道	高丰螺湖桥村	16.5	31.5	35	16.5	31.5	35	16.5	31.5	35	16.5	31.5	35
13	吉州区	北门街道	星港澳园小区	16.5	31.5	35	26.5	41.5	45	16.5	31.5	35	21.5	36.5	40
14	吉州区	北门街道	广胜园小区	16.5	31.5	35	16.5	31.5	35	16.5	31.5	35	16.5	31.5	35
15	吉州区	北门街道	电力公司南院8、9号楼	16.5	31.5	35	16.5	31.5	35	16.5	31.5	35	16.5	31.5	35
16	吉州区	北门街道	明珠佳苑	16.5	31.5	35	16.5	31.5	35	16.5	31.5	35	16.5	31.5	35
17	吉州区	北门街道	庐境园小区	16.5	31.5	35	26.5	41.5	45	16.5	31.5	35	16.5	31.5	35

续表

序号	县（市、区）	城市低洼地段和易涝点名称	位置	模型（KNN）						模型（SVM）					
				一般内涝			严重内涝			一般内涝			严重内涝		
				P_1/（mm·h^{-1}）	P_3/（mm·$3^{-1}h^{-1}$）	P_6/（mm·$6^{-1}h^{-1}$）	P_1/（mm·h^{-1}）	P_3/（mm·$3^{-1}h^{-1}$）	P_6/（mm·$6^{-1}h^{-1}$）	P_1/（mm·h^{-1}）	P_3/（mm·$3^{-1}h^{-1}$）	P_6/（mm·$6^{-1}h^{-1}$）	P_1/（mm·h^{-1}）	P_3/（mm·$3^{-1}h^{-1}$）	P_6/（mm·$6^{-1}h^{-1}$）
18	吉州区	北门街道	友谊路1号	16.5	31.5	35	16.5	31.5	35	16.5	31.5	35	16.5	31.5	35
19	吉州区	北门街道	韶山东路50－54号	16.5	31.5	35	26.5	41.5	45	16.5	31.5	35	16.5	31.5	35
20	吉州区	北门街道	井冈山大道150号	16.5	31.5	35	16.5	31.5	35	16.5	31.5	35	16.5	31.5	35
21	吉州区	北门街道	井冈山大道152号	16.5	31.5	35	21.5	36.5	40	16.5	31.5	35	16.5	31.5	35
22	吉州区	北门街道	井冈山大道158号	16.5	31.5	35	21.5	36.5	40	16.5	31.5	35	16.5	31.5	35
23	吉州区	北门街道	福兴路1号	16.5	31.5	35	16.5	31.5	35	16.5	31.5	35	16.5	31.5	35
24	吉州区	北门街道	福兴路2号（棚户区改造）	16.5	31.5	35	16.5	31.5	35	16.5	31.5	35	16.5	31.5	35
25	吉州区	北门街道	大桥西路19号	16.5	31.5	35	16.5	31.5	35	16.5	31.5	35	16.5	31.5	35
26	吉州区	文山街道	福音堂地下室	16.5	31.5	35	26.5	41.5	45	16.5	31.5	35	21.5	36.5	40

续表

序号	县（市、区）	城市低洼地段和易涝点名称	位置	模型(KNN)						模型(SVM)					
				一般内涝			严重内涝			一般内涝			严重内涝		
				P_1/(mm·h^{-1})	P_3/(mm·$3^{-1}h^{-1}$)	P_6/(mm·$6^{-1}h^{-1}$)	P_1/(mm·h^{-1})	P_3/(mm·$3^{-1}h^{-1}$)	P_6/(mm·$6^{-1}h^{-1}$)	P_1/(mm·h^{-1})	P_3/(mm·$3^{-1}h^{-1}$)	P_6/(mm·$6^{-1}h^{-1}$)	P_1/(mm·h^{-1})	P_3/(mm·$3^{-1}h^{-1}$)	P_6/(mm·$6^{-1}h^{-1}$)
27	吉州区	习溪桥街道	恒荣桂苑和文澜府白鹭中间	16.5	31.5	35	16.5	31.5	35	16.5	31.5	35	16.5	31.5	35
28	吉州区	习溪桥街道	任公井6号至8号	16.5	31.5	35	16.5	31.5	35	16.5	31.5	35	16.5	31.5	35
29	吉州区	永叔街道	中山东路车站南巷	16.5	31.5	35	16.5	31.5	35	16.5	31.5	35	16.5	31.5	35
30	吉州区	工业园	吉庆路(井冈山北大道以东)	16.5	31.5	35	16.5	31.5	35	16.5	31.5	35	16.5	31.5	35
31	吉州区	工业园	井冈山北大道与发展大道交叉口	16.5	31.5	35	21.5	36.5	40	16.5	31.5	35	16.5	31.5	35
32	吉州区	马铺前、安青路、民顺路沿线	马铺前、安青路、民顺路	16.5	31.5	35	16.5	31.5	35	16.5	31.5	35	16.5	31.5	35
33	吉州区	仁山坪路交叉口	仁山坪路交叉口	16.5	31.5	35	16.5	31.5	35	16.5	31.5	35	16.5	31.5	35

续表

序号	县（市、区）	城市低洼地段和易涝点名称	位置	模型(KNN)						模型(SVM)					
				一般内涝			严重内涝			一般内涝			严重内涝		
				P_1/(mm·h^{-1})	P_3/(mm·$3^{-1}h^{-1}$)	P_6/(mm·$6^{-1}h^{-1}$)	P_1/(mm·h^{-1})	P_3/(mm·$3^{-1}h^{-1}$)	P_6/(mm·$6^{-1}h^{-1}$)	P_1/(mm·h^{-1})	P_3/(mm·$3^{-1}h^{-1}$)	P_6/(mm·$6^{-1}h^{-1}$)	P_1/(mm·h^{-1})	P_3/(mm·$3^{-1}h^{-1}$)	P_6/(mm·$6^{-1}h^{-1}$)
34	吉州区	田侯路与高峰坡路交叉口及周边水巷	田侯路与高峰坡路交叉口及周边水巷	16.5	31.5	35	26.5	41.5	45	16.5	31.5	35	21.5	36.5	40
35	吉州区	人民广场周边支路	人民广场周边支路	16.5	31.5	35	16.5	31.5	35	16.5	31.5	35	16.5	31.5	35
36	吉州区	井冈山大道农业发展银行	井冈山大道农业发展银行大门口	16.5	31.5	35	16.5	31.5	35	16.5	31.5	35	16.5	31.5	35
37	吉州区	城区	武警转盘	16.5	31.5	35	16.5	31.5	35	16.5	31.5	35	16.5	31.5	35
38	吉州区	城区	江子头市场	16.5	31.5	35	16.5	31.5	35	16.5	31.5	35	16.5	31.5	35
39	吉州区	城区	井冈山北大道与凤山大道交叉口	16.5	31.5	35	21.5	36.5	40	16.5	31.5	35	16.5	31.5	35
40	吉州区	城区	井冈山北大道与文星路交叉口	16.5	31.5	35	26.5	41.5	45	16.5	31.5	35	21.5	36.5	40

续表

序号	县（市、区）	城市低洼地段和易涝点名称	位置	模型（KNN）						模型（SVM）					
				一般内涝			严重内涝			一般内涝			严重内涝		
				P_1/（mm·h^{-1}）	P_3/（mm·$3^{-1}h^{-1}$）	P_6/（mm·$6^{-1}h^{-1}$）	P_1/（mm·h^{-1}）	P_3/（mm·$3^{-1}h^{-1}$）	P_6/（mm·$6^{-1}h^{-1}$）	P_1/（mm·h^{-1}）	P_3/（mm·$3^{-1}h^{-1}$）	P_6/（mm·$6^{-1}h^{-1}$）	P_1/（mm·h^{-1}）	P_3/（mm·$3^{-1}h^{-1}$）	P_6/（mm·$6^{-1}h^{-1}$）
41	吉州区	城区	井冈山北大道与吉庆路交叉口	16.5	31.5	35	16.5	31.5	35	16.5	31.5	35	16.5	31.5	35
42	吉州区	城区	井冈山北大道与石溪头路交叉口	16.5	31.5	35	16.5	31.5	35	16.5	31.5	35	16.5	31.5	35
43	吉州区	城区	安居路庐境园	16.5	31.5	35	26.5	41.5	45	16.5	31.5	35	16.5	31.5	35
44	吉州区	城区	仁山坪路仁山坪公园	16.5	31.5	35	16.5	31.5	35	16.5	31.5	35	16.5	31.5	35
45	吉州区	城区	库背路库背新村	16.5	31.5	35	26.5	41.5	45	16.5	31.5	35	21.5	36.5	40
46	吉州区	樟山镇	樟山镇长亭上村委会乌泥坑村小组	16.5	31.5	35	21.5	36.5	40	16.5	31.5	35	16.5	31.5	35
47	青原区	龙景豪庭小区	河东街道天河社区	16.5	31.5	35	16.5	31.5	35	16.5	31.5	35	16.5	31.5	35

续表

序号	县（市、区）	城市低洼地段和易涝点名称	位置	模型（KNN）						模型（SVM）					
				一般内涝			严重内涝			一般内涝			严重内涝		
				P_1/(mm·h^{-1})	P_3/(mm·3^{-1}h^{-1})	P_6/(mm·6^{-1}h^{-1})	P_1/(mm·h^{-1})	P_3/(mm·3^{-1}h^{-1})	P_6/(mm·6^{-1}h^{-1})	P_1/(mm·h^{-1})	P_3/(mm·3^{-1}h^{-1})	P_6/(mm·6^{-1}h^{-1})	P_1/(mm·h^{-1})	P_3/(mm·3^{-1}h^{-1})	P_6/(mm·6^{-1}h^{-1})
48	青原区	和济春天小区	河东街道天河社区	16.5	31.5	35	26.5	41.5	45	16.5	31.5	35	21.5	36.5	40
49	青原区	梅苑小区	河东街道梅苑社区	16.5	31.5	35	21.5	36.5	40	16.5	31.5	35	16.5	31.5	35
50	青原区	华能大道铁路桥下	华能大道铁路桥下	16.5	31.5	35	16.5	31.5	35	16.5	31.5	35	16.5	31.5	35
51	青原区	城北学校门口	城北学校门口	16.5	31.5	35	21.5	36.5	40	16.5	31.5	35	16.5	31.5	35
52	青原区	鹿鸣湖公园停车场	鹿鸣湖公园停车场	16.5	31.5	35	26.5	41.5	45	16.5	31.5	35	21.5	36.5	40
53	庐陵新区	恒丰花园	红声社区	16.5	31.5	35	16.5	31.5	35	16.5	31.5	35	16.5	31.5	35
54	庐陵新区	太平桥社区	太平桥社区	16.5	31.5	35	21.5	36.5	40	16.5	31.5	35	16.5	31.5	35
55	庐陵新区	吉福路与井冈山大道交叉口	吉福路与井冈山大道交叉口	16.5	31.5	35	21.5	36.5	40	16.5	31.5	35	16.5	31.5	35

续表

序号	县（市、区）	城市低洼地段和易涝点名称	位置	模型(KNN)						模型(SVM)					
				一般内涝			严重内涝			一般内涝			严重内涝		
				P_1/(mm·h^{-1})	P_3/(mm·3^{-1}h^{-1})	P_6/(mm·6^{-1}h^{-1})	P_1/(mm·h^{-1})	P_3/(mm·3^{-1}h^{-1})	P_6/(mm·6^{-1}h^{-1})	P_1/(mm·h^{-1})	P_3/(mm·3^{-1}h^{-1})	P_6/(mm·6^{-1}h^{-1})	P_1/(mm·h^{-1})	P_3/(mm·3^{-1}h^{-1})	P_6/(mm·6^{-1}h^{-1})
56	庐陵新区	城南六中门口	城南六中门口	16.5	31.5	35	26.5	41.5	45	16.5	31.5	35	16.5	31.5	35
57	庐陵新区	和谐路吉安大桥下	和谐路吉安大桥下	16.5	31.5	35	26.5	41.5	45	16.5	31.5	35	21.5	36.5	40
58	吉州区	交通运输管理局宿舍	北门街道马铺前社区	16.5	31.5	35	16.5	31.5	35	16.5	31.5	35	16.5	31.5	35

表 3.16　抚州市内涝点预警雨量汇总表

序号	县（市、区）	城市低洼地段和易涝点名称	位置	模型(KNN)						模型(SVM)					
				一般内涝			严重内涝			一般内涝			严重内涝		
				P_1/(mm·h^{-1})	P_3/(mm·3^{-1}h^{-1})	P_6/(mm·6^{-1}h^{-1})	P_1/(mm·h^{-1})	P_3/(mm·3^{-1}h^{-1})	P_6/(mm·6^{-1}h^{-1})	P_1/(mm·h^{-1})	P_3/(mm·3^{-1}h^{-1})	P_6/(mm·6^{-1}h^{-1})	P_1/(mm·h^{-1})	P_3/(mm·3^{-1}h^{-1})	P_6/(mm·6^{-1}h^{-1})
1	临川区	南湖路税务局旁	南湖路税务局旁（背山路与南湖路交口）	16.5	31.5	35	16.5	31.5	35	16.5	31.5	35	16.5	31.5	35

续表

序号	县(市、区)	城市低洼地段和易涝点名称	位置	模型(KNN)						模型(SVM)					
				一般内涝			严重内涝			一般内涝			严重内涝		
				P_1/(mm·h^{-1})	P_3/(mm·3^{-1}h^{-1})	P_6/(mm·6^{-1}h^{-1})	P_1/(mm·h^{-1})	P_3/(mm·3^{-1}h^{-1})	P_6/(mm·6^{-1}h^{-1})	P_1/(mm·h^{-1})	P_3/(mm·3^{-1}h^{-1})	P_6/(mm·6^{-1}h^{-1})	P_1/(mm·h^{-1})	P_3/(mm·3^{-1}h^{-1})	P_6/(mm·6^{-1}h^{-1})
2	临川区	万象新城后面	万象新城后面(瑶坪路上)	16.5	31.5	35	16.5	31.5	35	16.5	31.5	35	16.5	31.5	35
3	临川区	临川大道六医院后面	临川大道六医院北门院内	16.5	31.5	35	21.5	36.5	40	16.5	31.5	35	16.5	31.5	35
4	临川区	金巢大道三纺旁	金巢大道三纺宿舍区西南	16.5	31.5	35	26.5	41.5	45	16.5	31.5	35	21.5	36.5	40
5	临川区	青云峰路抚纺二区	青云峰路抚纺二区23－25栋	16.5	31.5	35	26.5	41.5	45	16.5	31.5	35	21.5	36.5	40
6	临川区	金巢大道轻纺城	金巢大道轻纺城内	16.5	31.5	35	26.5	41.5	45	16.5	31.5	35	21.5	36.5	40
7	临川区	龙津路(农贸市场段)	龙津路(农贸市场段)	16.5	31.5	35	16.5	31.5	35	16.5	31.5	35	16.5	31.5	35
8	临川区	学成路、广场东路交叉口	学成路、广场东路交叉口	16.5	31.5	35	26.5	41.5	45	16.5	31.5	35	21.5	36.5	40

续表

序号	县(市、区)	城市低洼地段和易涝点名称	位置	模型(KNN)						模型(SVM)					
				一般内涝			严重内涝			一般内涝			严重内涝		
				P_1/(mm·h^{-1})	P_3/(mm·3^{-1}h^{-1})	P_6/(mm·6^{-1}h^{-1})	P_1/(mm·h^{-1})	P_3/(mm·3^{-1}h^{-1})	P_6/(mm·6^{-1}h^{-1})	P_1/(mm·h^{-1})	P_3/(mm·3^{-1}h^{-1})	P_6/(mm·6^{-1}h^{-1})	P_1/(mm·h^{-1})	P_3/(mm·3^{-1}h^{-1})	P_6/(mm·6^{-1}h^{-1})
9	临川区	府前路	府前路	16.5	31.5	35	21.5	36.5	40	16.5	31.5	35	16.5	31.5	35
10	临川区	见贤路与才子路交叉口	见贤路与才子路交叉口	16.5	31.5	35	16.5	31.5	35	16.5	31.5	35	16.5	31.5	35
11	高新区	高新五路至高新四路区间	文昌大道	16.5	31.5	35	16.5	31.5	35	16.5	31.5	35	16.5	31.5	35
12	高新区	高新六路至高新七路区间	文昌大道	16.5	31.5	35	16.5	31.5	35	16.5	31.5	35	16.5	31.5	35
13	高新区	高新六路至高新七路区间	火炬五路	16.5	31.5	35	26.5	41.5	45	16.5	31.5	35	16.5	31.5	35
14	高新区	科纵二路至文昌大道区间	谢家路	16.5	31.5	35	21.5	36.5	40	16.5	31.5	35	16.5	31.5	35
15	高新区	高新二路至金巢大道区间	火炬四路	16.5	31.5	35	16.5	31.5	35	16.5	31.5	35	16.5	31.5	35

续表

序号	县（市、区）	城市低洼地段和易涝点名称	位置	模型(KNN)						模型(SVM)					
				一般内涝			严重内涝			一般内涝			严重内涝		
				P_1/(mm·h^{-1})	P_3/(mm·3^{-1}h^{-1})	P_6/(mm·6^{-1}h^{-1})	P_1/(mm·h^{-1})	P_3/(mm·3^{-1}h^{-1})	P_6/(mm·6^{-1}h^{-1})	P_1/(mm·h^{-1})	P_3/(mm·3^{-1}h^{-1})	P_6/(mm·6^{-1}h^{-1})	P_1/(mm·h^{-1})	P_3/(mm·3^{-1}h^{-1})	P_6/(mm·6^{-1}h^{-1})
16	新增监测点内涝	才子大桥—河西桥下	才子大桥河西桥下	16.5	31.5	35	26.5	41.5	45	16.5	31.5	35	21.5	36.5	40
17	新增监测点内涝	同叔路口农行门前	同叔路赣东大道口	16.5	31.5	35	26.5	41.5	45	16.5	31.5	35	21.5	36.5	40
18	新增监测点内涝	迎宾大道市民政局门前	迎宾大道与文昌大道交口市民政局门前	16.5	31.5	35	16.5	31.5	35	16.5	31.5	35	16.5	31.5	35

3.4 城市内涝预警雨量合理性评价和成因分析

江西省气象局根据日降雨量，将暴雨预警标准分为四个等级，结合《城市内涝防治规划标准（征求意见稿）》中的内涝分级标准，可近似地将一般内涝预警雨量对标蓝色预警［蓝色预警：预计未来 24 h 江西省将有 20 个及以上县（市、区）日降雨量超过 50 mm，或 3 个及以上县（市、区）日降雨量超过 100 mm，将造成一定影响］。将严重内涝预警雨量对标橙色预警［橙色预警：预计未来 24 h 江西省将有 10 个及以上县（市、区）日降雨量超过 100 mm，将造成较重影响；或过去 24 h 江西省有 10 个及以上县（市、区）日降雨量超过 100 mm，已造成较重影响，且预计未来 24 h 上述地区仍将出现暴雨天气；或过去 24 h 江西省有 3 个及以上县（市、区）日降雨量超过 250 mm，已造成较重影响，且预计未来 24 h 上述地区仍将出现暴雨天气］。

通过水文监测中心的洪水预警标准与 fknn 模型的预警指标进行对照，发现海拔较高的城市预警雨量会出现低估，海拔较低的城市会出现高估。具体来说，fknn 模型在新余、南昌、景德镇、鹰潭、宜春、上饶的预警雨量与气象局公布的预警雨量相近，差距在 3 mm以内，抚州的预警雨量相较于气象局预警雨量低 10 mm，吉安低 13 mm，赣州预警雨量严重偏低，普遍有 20 mm 以上的差距。九江的预警雨量比气象局预警雨量高 8 mm。对差异明显的城市地理状况进行分析发现：赣州地处赣江上游，群山环绕，平均海拔在 300 m 以上，集水区主要集中在红壤盆地；抚州地势南高北低，逐步向鄱阳湖平原倾斜，平均海拔 100 m 以上，境内有抚河贯穿流向鄱阳湖平原；吉安地势由边缘山地到赣江河谷逐步降低，广泛分布着海拔 100 m 以上的丘陵山地，赣江自南而北贯穿吉安流入赣抚平原。这 3 座城市位于江西省主要河道的中上游，洪水流量相对较小，地面高程落差大，森林覆盖率高，雨水容易汇流下渗，因此内涝预警雨量相对较高，而现有的计算机技术无法做到动态识别复杂的地理环境对雨洪的影响，导致模型预警雨量与气象局预警雨量之间会出现一定偏差。九江地形更加复杂，丘陵山地、滨湖平原、沿江平原综合交错，湖泊众多。内涝点主要集中在城市街道以及工业区，存在的问题多由管道老化淤堵、现状雨水管排水能力不足、湖水河水顶托雨水无法自排导致。模型认为积水可由地形坡度的变化顺势而下汇入河湖，因此预警雨量偏低。

根据《江西省防汛抗旱应急预案》（赣府厅字〔2022〕61 号）中洪水预警发布标准，对 fknn 模型的预警雨量结果进行对比，结果分析见表 3.17。

表 3.17　江西省水文监测中心洪水预警发布标准

序号	设区市	河名	依据站名	警戒水位/m	历史最高水位/m	堤防设计水位/m	预警水位/流量条件(米/秒立米)				防护对象
							蓝色预警	黄色预警	橙色预警	红色预警	
1	赣州	赣江	赣州	99.0	103.29	–	99.0≤Z<101.0 67%≥P>25%	101.0≤Z<102.0 25%≥p>12%	102.0≤Z<102.9 12%≥P>5%	Z≥102.9 P≤5%	赣州市中心城区,赣县区
2	吉安	赣江	吉安	50.5	54.05	54.45	50.5≤Z<51.5 50%≥P>27% 9650≤0<12000	51.5≤2<52.5 27%>P>12% 12000≤Q<14600	52.5≤z<53.4 12%≥P>5% 14600<Q<17100	Z≥53.4 P≤5% Q≥17100	吉安市中心城区、白鹭洲中学等
3	吉安	赣江	峡江	41.5	44.57	–	41.5≤Z<42.5 45%≥P>24% 11000≤Q<13200	42.5≤Z<43.5 24%≥p>11% 13200≤Q<15600	43.5≤Z<44.5 11%>P>4% 15600≤Q<18200	z≥44.5 P≤4% Q≥18200	巴邱镇、仁和镇和福民乡等
4	抚州	抚河	廖家湾	41.3	42.78	43.07	40.3≤2<41.3 55%>P>25% 3000Q<4200	41.3≤2<42.0 25%≥p>12% 4200≤Q<5200	42.0≤Z<42.6 12%≥P>5% 5200≤Q<6300	Z≥42.6 P≤5% Q≥6300	抚州市城区
5	抚州	临水	娄家村	38.8	41.51	41.47	38.8≤Z<40.0 47%≥p>15% 2700Q<3250	40.0≤Z<40.9 15%≥P>5% 3250≤Q<3900	40.9≤Z<41.5 5%≥P>2% 3900≤Q<4740	Z≥41.5 P≤2% Q≥4740	临川区城区
6	新余	袁水	新余	45.0	47.00	46.80	45.0≤Z<45.9 33%≥P>15%	45.9≤Z<46.8 15%>P>6%	/	Z≥46.8 P≤6%	渝水区中心城区、罗坊镇、珠珊镇
7	宜春	赣江	樟树	33.0	34.72	35.52	33.0≤z<34.0 20%≥P>9% 13000≤Q<16800	34.0≤Z<34.7 9%≥P>5% 16800≤Q<18500	/	z≥34.7 P≤5% Q≥18500	樟树市城区、赣东大堤

续表

序号	设区市	河名	依据站名	警戒水位/m	历史最高水位/m	堤防设计水位/m	预警水位/流量条件(米/秒立米)				防护对象
							蓝色预警	黄色预警	橙色预警	红色预警	
8	宜春	锦江	高安	31.0	33.80	34.26	$31.0 \leqslant Z < 32.2$ $50\% \geqslant P > 20\%$ $2130 \leqslant q < 2800$	$32.2 \leqslant Z < 33.0$ $20\% \geqslant p > 10\%$ $2800 \leqslant q < 3230$	$33.0 \leqslant Z < 33.8$ $10\% \geqslant p > 5\%$ $3230 \leqslant Q < 3630$	$Z \geqslant 33.8$ $p \geqslant 5\%$ $q \geqslant 3630$	高安市城区灰埠镇、石脑镇
9	南昌	赣江	外洲	23.5	25.60	26.20	$23.0 \leqslant Z < 24.0$ $43\% \geqslant P > 20\%$ $14600 \leqslant Q < 16400$	$24.0 \leqslant Z < 24.7$ $20\% \geqslant P > 10\%$ $16400 \leqslant Q < 3800$	$28.6 \leqslant Z < 25.2$ $10\% \geqslant P > 5\%$ $18600 \leqslant Q < 20700$	$Z \geqslant 25.2$ $P \leqslant 5\%$ $Q \geqslant 20700$	外洲水文站、赣东大堤
10		潦河	万家埠	27.0	29.68	28.81	$26.5 \leqslant Z < 27.9$ $63\% \geqslant P > 20\%$ $1600 \leqslant Q < 2980$	$27.9 \leqslant Z < 28.6$ $20\% \geqslant P > 10\%$ $2980 \leqslant Q < 3800$	$28.6 \leqslant Z < 29.1$ $10\% \geqslant P > 5\%$ $3780 \leqslant Q < 4400$	$Z \geqslant 29.1$ $P \leqslant 5\%$ $Q \geqslant 4400$	万家埠水文站、万埠镇、东阳镇
11		抚河	李家渡	30.5	33.08	33.68	$30.0 \leqslant Z < 31.4$ $56\% \geqslant P > 22\%$ $5960 \leqslant Q < 7880$	$31.4 \leqslant Z < 32.0$ $22\% \geqslant P > 12\%$ $7880 \leqslant Q < 9090$	$32.0 \leqslant Z < 32.6$ $12\% \leqslant Q < 10400$	$Z \geqslant 32.6$ $P \leqslant 6\%$ $Q \geqslant 10400$	李家渡水文站、抚西大堤和抚东大堤
12	上饶	信江	梅港	26.0	29.84	30.80	$26.0 \leqslant Z < 27.8$ $57\% \geqslant P > 20\%$ $6350 \leqslant Q > 9000$	$27.8 \leqslant Z < 28.6$ $20\% \geqslant P > 11\%$ $9000 \leqslant Q < 10500$	$28.6 \leqslant Z < 29.1$ $11\% \geqslant P > 5\%$ $10500 \leqslant Q < 11850$	$Z \geqslant 29.1$ $P \leqslant 5\%$ $Q \geqslant 11850$	余干县梅港乡、黄金埠镇等沿河村落
13		信江	弋阳	44.0	47.93	47.20	$44.0 \leqslant Z < 45.7$ $63\% \geqslant P > 22\%$ $4590 \leqslant Q < 6910$	$45.7 \leqslant Z < 46.4$ $22\% \geqslant P > 11\%$ $69100 \leqslant Q < 8040$	$46.4 \leqslant Z < 47.0$ $11\% \geqslant P > 6\%$ $8040 \leqslant Q < 9050$	$Z \geqslant 47.0$ $P \leqslant 6\%$ $Q \geqslant 9050$	弋阳县城区

续表

序号	设区市	河名	依据站名	警戒水位/m	历史最高水位/m	堤防设计水位/m	预警水位/流量条件(米/秒立米)				防护对象
							蓝色预警	黄色预警	橙色预警	红色预警	
14	鹰潭	信江	鹰潭	30.0	33.99	35.20	30.00≤Z<31.90 60%≥P>20%	31.90≤Z<32.90 205≥P>10%	32.90≤Z<33.70 10%≤5%	鹰潭市城区	/
15	景德镇	昌江	渡峰坑	28.5	34.27	-	28.5≤Z<30.5 62%≥P>30% 3150≤Q<5020	30.5≤Z<32.5 30%≥P>12% 5020≤Q<7040	32.5≤Z<34.0 12%≥P>5.0% 7040≤Q<8800	Z≥34.0 P≤5.0% Q≥8800	景德镇城区、高新区
16	景德镇	乐安河	虎山	26.0	31.18	-	26.0≤Z<28.0 70%≥P>30% 3350≤Q<5540	28.0≤Z<29.5 30%≥P>12.5% 5540≤Q<7730	29.5≤Z<31.0 12.5%≥P>5% 7330≤Q<9000	Z≥31.0 P≤5% Q≥9000	乐平城区
17	九江	修河	永修	20.0	23.48	25.15	20.0≤Z<21.70 60%≥P>32%	21.70≤Z<22.50 32%≥P>10%	22.50≤Z<23.10 10%≥P>5%	Z≥23.10 P≤5%	永修县城
18	九江	鄱阳湖水道	星子	19.0	23.63	23.50	19.0≤Z<20.4 50%≥P>20%	20.4≤Z<21.1 205≥P>10%	21.1≤Z<21.7 10%≥P>5%	Z≥21.7 P≤5%	湖区及五河尾闾地区圩堤

第 4 章　水沙过程模拟技术

4.1　水沙模拟原理与结构

SWAT 模型是在 SWRRB(Simulator for Water Resources in Rural Basins)模型和 ROTO(Routing Output to Outlet)模型基础上整合开发形成的,后经不断更新完善,目前最新版为 SWAT2012,并与 GIS 很好地结合,极大促进了模型的推广和应用。SWAT 模型是基于物理机制,以日为时间步长单位,适用于大中流域的分布式水文模型。该模型融合了气候、土地利用/覆被类型及分布、土壤类型、田间管理措施等多种因素,并考虑了各因素的空间差异性,充分而准确地描述了地表产汇流、侵蚀、产沙和输沙等过程。

由于源代码公开,方便对代码进行修改,因此,在模型应用过程中,许多研究针对不同研究区特点,通过完善 SWAT 模型的某些算法或与其他模型耦合研究来提高模型模拟的准确性。如 Van Griensven 和 Bauwens 修改了模型中的水质模块,并将 SWAT 模型改进为以小时为时间步长计算流域的产汇流及蒸散发;邵辉构建了水土保持梯田措施数学模型,并将其耦合至 SWAT 模型中,用以评价流域水土流失对梯田措施的响应,这些研究进一步促进了 SWAT 模型的完善与推广应用。

SWAT 模型结构复杂,涉及的方程、变量众多,可用于水沙运移、作物生长及水质的模拟。SWAT 模型的水文过程结构如图 4. 1 所示。SWAT 模型模拟径流过程包括了陆面部分和水面部分:陆面部分涉及水循环的产流和坡面汇流,控制着子流域内主河道的径流、泥沙、营养物的输入量;水面部分涉及水循环的河道汇流,决定径流、泥沙、营养物从各子流域向流域出口的输移运动。SWAT 模型采用模块化的建模思路,即根据流域的河流流向及河网密度将流域划分若干子流域,再将流域土地利用/覆被、土壤及地形因子(主要是坡度)进行空间上的叠加,形成由单一土地利用/覆被、土壤和地形组成的多种组合方式的水文计算单元。每个水文计算单元单独计算水循环中的入渗、产流和蒸发,最后通过汇流演算至子流域出口,并通过河道汇流计算由子流域出口演算至流域出口。该模块化建模过程充分考虑了流域不同土地利用/覆被、土壤类型及坡度对地表水文过程的影响,提高了模型模拟的精度。

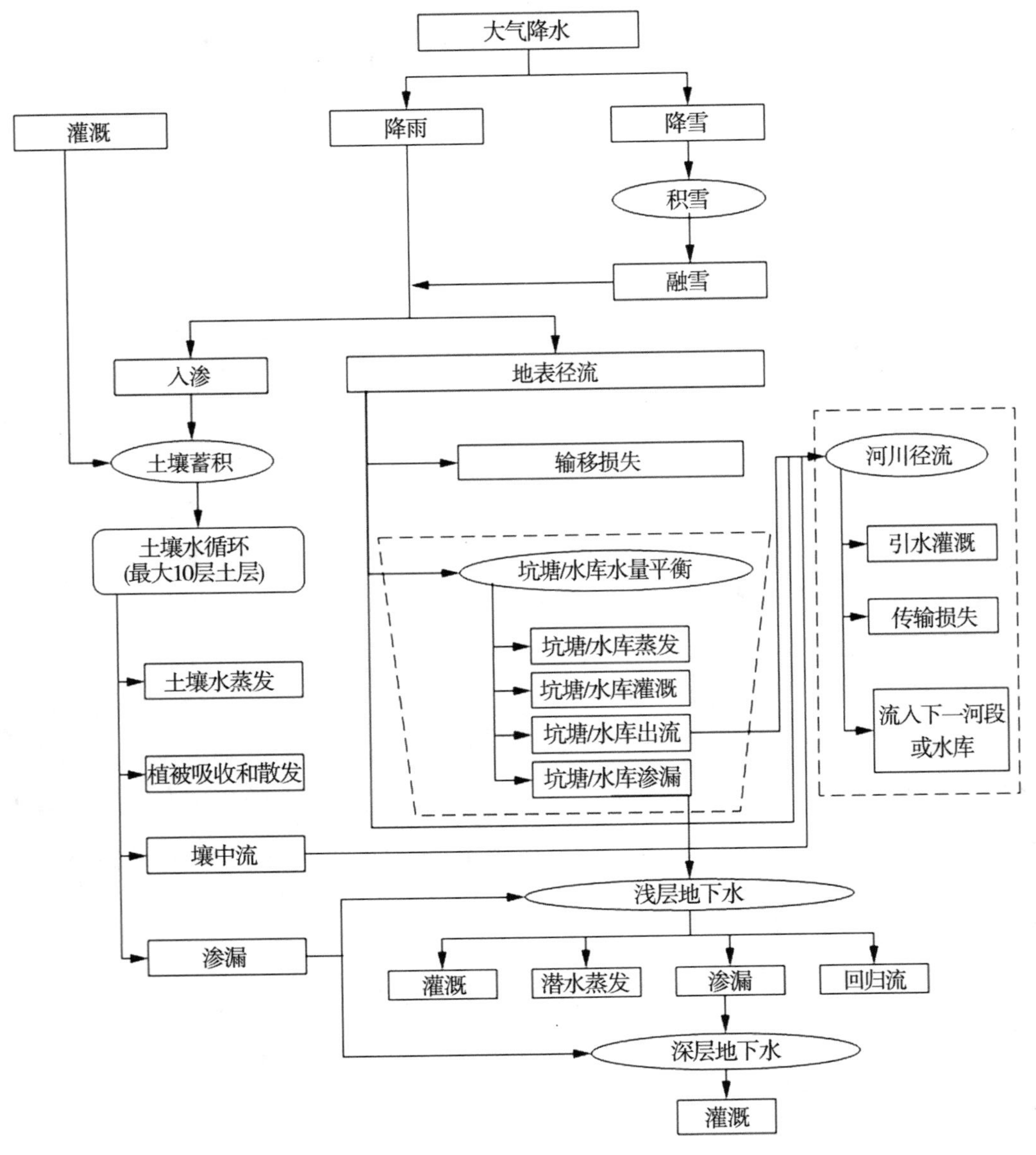

图 4.1　SWAT 模型水文过程示意图

(1)水文模块

SWAT 模型采用 *SCS* 径流曲线数法和 Green – Ampt 法计算地表径流量,用户可根据需要自行选择任意一种方法。由于 Green – Ampt 方法需要输入日以下时段的降雨量,数据较难获得,故采用径流曲线数法计算地表径流量见式 4.1 至式 4.7。

SCS 径流曲线数方程为:

$$Q_{surf}=\frac{(R_{day}-I_a)^2}{R_{day}-I_a+S} \qquad (式 4.1)$$

式中,Q_{surf}为地表径流量,mm;R_{day}为降水量,mm;I_a为初损,mm;S 为流域可能最大滞留量,mm。其中 S 定义为:

$$S=25.4(\frac{1000}{CN}-10) \qquad (式 4.2)$$

计算 I_a常用的公式为 $I_a=0.2S$。因此,在引入 *CN* 值后产流计算公式变为:

$$Q_{surf}=\frac{(R_{day}-0.2I_a)^2}{R_{day}-0.8S} \qquad (式 4.3)$$

CN 值是一个综合性参数,反映流域土地利用/覆被类型、土壤类型、坡度大小等对地表径流的总体效应,其与土壤含水量关系密切,随土壤含水量增多而增大。

SCS 曲线数法依据前期水分的不同,将 *CN* 值分为 3 个级别,分别是干旱条件(CN_1)、湿润条件(CN_3)和正常条件(CN_2),其计算公式为:

$$CN_1=CN_2\frac{20\times(100-CN_2)}{100-CN_2+exp[2.533-0.0636\times(100-CN_2)]} \qquad (式 4.4)$$

$$CN_3=CN_2\cdot exp[0.00673\times(100-CN_2)] \qquad (式 4.5)$$

若进行不同坡度 *CN* 值计算可采用下式:

$$CN_{2S}=\frac{(CN_3-CN_2)}{3}\times[1-2exp(-13.86\cdot S_1)]+CN_2 \qquad (式 4.6)$$

式中,CN_{2S}为正常水分条件下指定坡度的 CN_2值;S_l为平均坡度,m/m。

采用下式计算壤中流:

$$Q_{lat}=0.024\frac{2\times 2SW_{ly,excess}\times K_{sat}\times S_l}{\phi_d\times L_{hill}} \qquad (式 4.7)$$

式中,$SW_{ly,excess}$为土壤饱和区内出流水量,mm;K_{sat}为土壤饱和导水率,mm/hr;S_l为平均坡度,m/m;L_{hill}为坡长,m;ϕ_d 是土壤可出流孔隙率,mm/mm。

(2)土壤侵蚀模块

采用改进通用土壤流失方程(式 4.8),对任一水文响应单元进行侵蚀量和产沙量的计算。

$$sed = 11.8(Q \cdot q_{peak} \cdot area)^{0.56} K \cdot C \cdot P \cdot LS \cdot CFRG \qquad (式4.8)$$

式中，sed 为一个时期内的产沙量，tons；q_{peak} 为洪峰流量，m^3/s；Q_{surf} 为地表径流量，mm；$area_{hru}$ 为产流单元面积，ha；K 为土壤侵蚀因子，C 为作物覆被因子，P 为耕作措施因子，LS 为地形因子，$CFRG$ 为粗糙度因子。

(3)河道演算模块(见式4.9至式4.11)

河道汇流的计算采用特征河长法，计算公式如下：

$$q_{out,2} = SC \cdot q_{in,ave} + (1 - SC) \cdot q_{out,l} \qquad (式4.9)$$

式中，$q_{out,2}$ 为某一时段末的出流量，m^3/s；$q_{out,1}$ 为某一时段初的出流量，m^3/s；$q_{in,ave}$ 为某一时段初和时段末入流量的平均值，m^3/s；SC 为蓄水系数，与流域单位时间蓄水量有关。

河道输送的泥沙量为流速的函数，计算公式如下：

$$conc_{sed,ch} = C_{sp} \cdot v_{ch,pk}^{\ spexp} \qquad (式4.10)$$

式中，$conc_{sed,ch}$ 表示水流能够输送的含沙量，t/m^3；$v_{ch,pk}$ 表示河道水流流速，m/s；C_{sp} 和 $spexp$ 为用户定义的系数。其中 $spexp$ 默认为1.5，取值范围为1～2。

(4)水库模块(见式4.12至式4.15)

水库通过减小洪峰流量、促进泥沙沉积量来改变河网中的水沙运动过程。SWAT 模型的水库模块可用于水沙拦蓄的模拟。模型中水库的水量平衡方程为：

$$V = V_{stored} + V_{flowin} + V_{flowout} + V_{pcp} + V_{evap} + V_{seep} \qquad (式4.11)$$

式中，V 表示某天末水库的蓄水量，m^3；V_{stored} 表示某天初水库的蓄水量，m^3；V_{flowin} 表示某天的入库水量，m^3；$V_{flowout}$ 表示某天的出库水量，m^3；V_{pcp} 表示某天水库上的降水量，m^3；V_{evap} 表示某天水库的蒸发量，m^3；V_{seep} 表示某天水库的渗漏损失量，m^3。

水库出流量的计算方法有四种：实测日出流量、实测月出流量、无控制水库的年均泄流量、控制水库的目标泄流量。由于淤地坝没有实测出流数据，本章采用无控制水库的年均泄流量方法来模拟淤地坝对水沙的拦蓄。该方法将水库当作无控制的水库，只要水库水量超过正常溢洪道水量，水库就泄流(图4.2)。如果水库水量多于正常溢洪道水量而少于非常溢洪道水量，则水库的出流总量为：

$$V_{flowout} = V - V_{pr} \qquad if \quad V - V_{pr} < q_{rel} \cdot 86400 \qquad (式4.12)$$

$$V_{flowout} = qrel \cdot 86400 \qquad if \quad V - V_{pr} > q_{rel} \cdot 86400 \qquad (式4.13)$$

如果水库水量超过非常溢洪道水量，则水库的出流总量为：

$$V_{flowout} = (V - V_{em}) + (V_{em} - V_{pr}) \qquad if \quad V_{em} - V_{pr} < q_{rel} \cdot 86400 \qquad (式4.14)$$

$$V_{flowout} = (V - V_{em}) + q_{rel} \cdot 86400 \qquad if \quad V_{em} - V_{pr} > q_{rel} \cdot 86400 \qquad (式4.15)$$

式中，$V_{flowout}$表示某天的出库水量，m^3；V表示水库的蓄水量，m^3；V_{pr}表示正常溢洪道水位处的水库蓄水量，m^3；V_{em}表示非常溢洪道水位处的水库蓄水量，m^3；q_{rel}表示正常溢洪道的日均泄流量，m^3/s。

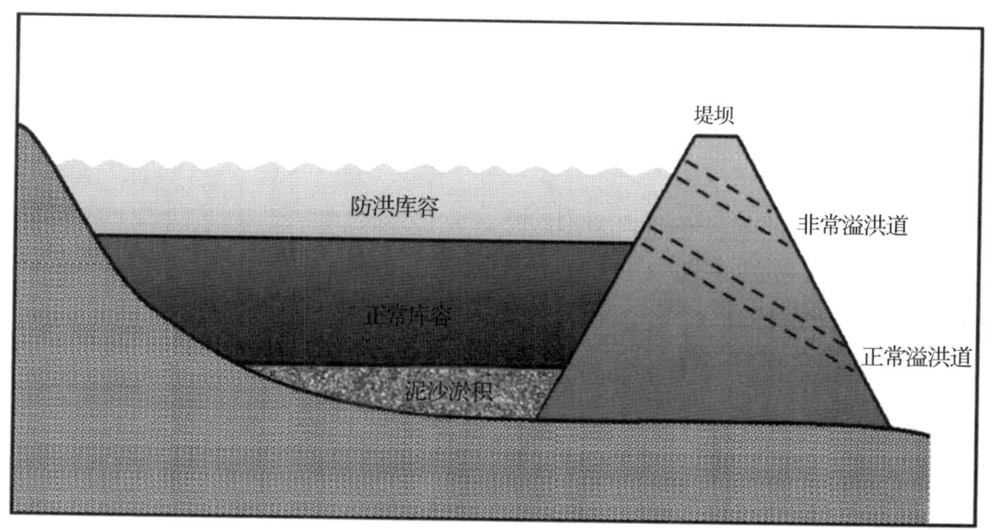

图 4.2　水库模块结构示意图

4.2　基于 ArcSWAT 模型水沙过程模拟

4.2.1　赣江流域 SWAT 模型的构建

SWAT 模型数据库是建模的基础，涉及空间数据和属性数据，包括水文气象数据、DEM 数据、土壤类型数据、土地利用/覆被数据等（表 4.1）。

表 4.1　SWAT 模型所需数据

数据分类 Data types		数据 Data
空间数据	DEM	90 m×90 m
	土壤	1:500,000
	土地利用/覆被	1:100,000
属性数据	气象	日降水量、日最高最低气温、风速、露地温度、相对湿度、太阳辐射等
	水文	水文站点径流量、输沙量
	土壤属性	土壤颗粒组成、土壤容重、有机质含量、最大根系深度、土壤层深度、土壤湿密度、土壤有效含水量、饱和导水率等

(1)数字高程模型(DEM)

数字高程模型(DEM)是SWAT模型运行的基础数据,主要用于流域河网的生成、子流域的划分及坡度、坡向的提取,是流域径流泥沙演算的前提。本研究使用的90 m分辨率DEM数据来自中国科学院计算机网络信息中心地理空间数据云(http://www.gscloud.cn/),应用Arcgis10.4对研究区进行图像融合拼接、流域边界提取、填洼等处理,得到模型使用的DEM数据资料。

(2)土地利用/覆被数据

土地利用/覆被是人类对土地进行转换、物质交流的集中体现,不同的土地利用/覆被方式对流域的产汇流、产沙输沙产生不同的影响。SWAT模型使用简化版EPIC植物生长模型来模拟植被生长。

归一化植被指数NDVI(Normalized Difference Vegetation Index)是被广泛用来监测植被覆盖变化情况的相关指数,也是各种遥感估算植被覆盖度研究中最常用的一个植被指数。由2005年的NDVI逐月数据,计算年度NDVI最大值图像,利用像元二分法计算研究区的植被覆盖度。像元二分法计算植被覆盖度的基本公式见式4.16:

$$fc = \frac{\text{NDVI} - \text{NDVI}min}{\text{NDVI}max - \text{NDVI}min} \qquad (式4.16)$$

式中:f_c为植被覆盖度;NDVI为像元的植被指数值;NDVI_{max}为被植被所全部覆盖区域的植被指数值;NDVI_{min}为无植被覆盖像元的植被指数值。

将计算所得的植被覆盖度fc进行重分类,按照1级覆盖度(<70%)、2级覆盖度(70%~85%)、3级覆盖度(>85%)共划分为3类,并与土地利用图叠加,将流域土地利用共划分为10类,即耕地、低覆盖度林地、中覆盖度林地、高覆盖度林地、低覆盖度草地、中覆盖度草地、高覆盖度草地,水域、居民地、未利用地。土地利用/覆被类型及其对应的SWAT代码见表4.2。

表4.2 赣江流域土地利用/覆被类型及重分类统计

序号	土地利用/覆被类型	SWAT代码
1	耕地	AGRL
21	低覆盖度林地	FRLC
22	中覆盖度林地	FRMC
23	高覆盖度林地	FRHC
31	低覆盖度草地	PALC
32	中覆盖度草地	PAMC
33	高覆盖度草地	PAHC

续表

序号	土地利用/覆被类型	SWAT 代码
4	水域	WATR
5	居民	URBN
6	未利用地	LAND

(3)土壤数据

本次构建的赣江流域 SWAT 模型土壤数据库使用的土壤数据(1:100 万)来自世界土壤数据库(HWSD),共包含了 25 种土壤类型。

土壤物理属性决定了水分在土壤中的运移过程,以及与外界的水汽交换过程,对流域的蒸散发、径流的产生有重要影响。SWAT 模型中土壤物理属性参数见表 4.3。其中土壤分层数目(NLAYERS)、土壤质地(TEXTURE)、土壤容重(SOL_BD)、土壤剖面最大根系深度(SOL_ZMX)、土壤颗粒组成(CLAY、SILT、SAND、ROCK)、阴离子交换孔隙度(ANION_EXCL)、土壤表层到底层的深度(SOL_Z)、有机碳含量(SOL_CBN)均可通过 HWSD 数据库获得。

表 4.3　土壤物理属性参数输入文件

序号	参数名称	参数含义	序号	参数名称	参数含义
1	SNAM	土壤名称	10	SOL_K	饱和有效传导系数
2	HLAYERS	土壤分层数	11	SOL_CBN	土壤有机碳含量
3	HYDGPR	土壤水文分组	12	CLAY	土壤黏粒所占百分比
4	SOL_ZMX	土壤剖面最大根系深度	13	SILT	土壤粉粒所占百分比
5	ANION_EXCL	阴离子交换孔隙度	14	SAND	土壤砂粒所占百分比
6	TEXTURE	土壤层机构	15	ROCK	土壤石砾所占百分比
7	SOL_Z	土壤层深度	16	SOL_ALB	地表反照率
8	SOL_BD	土壤湿密度	17	USLE_K	土壤流失方程中可蚀性因子
9	SOL_AWC	土壤层可利用水量	18	SOL_EC	土壤电导率

(4)气象数据及水文数据

构建 SWAT 模型必要的气象数据有:日最高最低气温、日降水量、风速、露点温度、相对湿度、太阳辐射等。考虑到某些站点可能存在数据缺测,模型中提供了天气发生器便于对缺测数据进行模拟插补。以流域多年平均月实测统计数据为基础构建天气发生器,用以模拟计算无法获得的某站点的日气象数据。天气发生器需要的月统计数据包括月内日均最高、最低气温的均值及标准差,多年月降水量的平均值,月内日降水量的标准差、偏度系数,月内湿天干天的比率,月内连续湿天的比率,月降水日数,月最大半小时降水量,月均太阳辐射,月均露点温度,月均风速。本研究中构建气象发生器使用的气象站为来自赣江流域及其周边区域空间分布较为均匀、数据序列相对完整的14个国家级气象站(表4.4)。水文资料(径流量和输沙量)是吉安水文站1991—2007年与外洲水文站1991—2007年的逐月数据,用于模型的适应性评价。水文数据来源于水文年鉴。

表4.4　赣江及其周边区域气象站站点统计表

编号	名称	纬度/°	经度/°	海拔/m
57598	修水	29.02	114.35	146.8
57793	宜春	27.48	114.23	131.3
57799	吉安	27.03	114.55	72.1
57894	井冈山	26.35	114.1	843
57896	遂川	26.2	114.3	126.1
57993	赣州	25.52	115	137.5
57996	南雄	25.05	114.15	134.7
58606	南昌	28.36	115.55	46.9
58608	樟树	28.04	115.33	30.4
58813	广昌	26.51	143.8	143.8
58911	长汀	25.51	116.22	310
58918	上杭	25.03	116.25	198
59096	连平	24.22	114.29	214.8
59102	寻乌	24.57	115.39	303.9

(5)流域水库数据

流域中有大型水库15座,中型水库113座,小型水库4300余座。本次研究共选取12座大型水库(总库容大于1亿 m^3)的蓄水量代入SWAT模型中进行模拟计算(表4.5)。

表4.5　赣江流域水库信息

序号	库名	建立时间	RES_EVL/(10^4m^3)	RES_EA/hm^2	RES_PVL/(10^4m^3)	RES_PA/hm^2
1	上游水库	1967	18300	5587	11600	2945.1
2	飞剑潭水库	1960	10060	2411.1	7530	1605.2
3	江口水库	1961	89000	51520.7	34000	13336.1

续表

序号	库名	建立时间	RES_EVL/($10^4 m^3$)	RES_EA/hm^2	RES_PVL/($10^4 m^3$)	RES_PA/hm^2
4	社上水库	1972	17070	5066.9	13940	3812.3
5	团结水库	1979	14570	4056.5	7800	1686.6
6	白云山水库	1978	11400	2874	7730	1665.4
7	南车水库	1998	15318	4351.9	9490	2221.5
8	老营盘水库	1983	10160	2444.8	5450	1019.4
9	万安水库	1990	221400	185294.9	79700	44122.7
10	长冈水库	1972	37000	15017.8	15800	4545.5
11	龙潭水库	1995	11560	2930.8	10120	2431.3
12	油罗口水库	1981	11000	2733.4	5400	1006.3

(6)子流域的划分

DEM 数据包含了流域的各种地形特征，如河流流向、坡度、坡向等。SWAT 模型根据 DEM 数据，采用 D8 算法，即假设每个栅格单元的水流只能流入与之相邻的周围 8 个栅格单元中，通过计算中心栅格与周围邻近 8 个栅格的最大距离权落差，来确定水流的流向，进而生成水流累积矩阵，提取流域河网并计算子流域面积。为了使提取的河网与划分的子流域更加接近实际情形，同时也是提高模型的运算速度，将已获取的河网先行导入，提取出流域河网水系。因本研究涉及 SWAT 模型中的水库模块，故在水系划分的基础上手动添加了水库位置信息，最终整个研究区流域共划分为 178 个子流域。

流域水文响应单元(Hydrologic Response Units，HRU)是 SWAT 模型中具有相似水文特性和下垫面特征最小的基本计算单元，是由子流域中的土地利用/覆被、土壤类型、坡度空间分布叠加而成的集合体，每个 HRU 具有单一的土地利用/覆被类型、土壤类型和坡度，位置空间上是离散的。SWAT 模型计算每个 HRU 的产流、产沙、入渗、蒸发，通过汇流演算至子流域出口处得到径流量和泥沙量，各子流域的径流泥沙量再通过河道汇流演算过程汇集至流域出口处。水文响应单元考虑了流域不同土地利用/覆被、土壤类型的空间分布，提高了模型计算的精度。

SWAT 模型提供了确定流域 HRU 的两种方法：一种是将每个子流域划分一个 HRU，即将子流域内面积最大的土地利用/覆被类型和土壤类型当作该子流域的 HRU；另一种方法是每个子流域内划分多个 HRU，由于划分到各个子流域内的土地利用/覆被类型和土壤类型面积比例不同，面积太小会大幅增加计算量，通过设定土地利用/覆被类型面积和土壤类型面积分别占子流域面积比例的阈值，舍弃低于设定面积阈值的类型,大于阈值的类型按空间分布分别叠加,形成多个 HRU。本书研究依据郝振纯等的研究结果,将土地利用/覆被类型和土壤类型面积比例的阈值均设定为 10%,进而划分 HRU。

4.2.2 SWAT 模型参数的敏感性分析及评价标准

(1)参数的敏感性分析

SWAT 模型参数众多,使用模型参数初始值进行首次模拟运算,往往产生不理想的模拟结果。为了快速寻求对模拟结果影响较高的参数,提高模型率定的效率,需要对模型进行敏感性分析。SWAT 模型自带参数敏感性分析模块,采用 LH - OAT 灵敏度分析法进行敏感性分析。LH - OAT 灵敏度分析法是 Morris 提出的综合了 LH(Latin Hypercube)采样法和 OAT(One factor At a Time)分析法的高效分析方法,其优势是既能保证每项参数在其取值范围内都能被采样,同时又能给出模型输出结果的改变是源于哪项输入参数,不仅可以减少需调整的参数数量,而且为用户节约了运算时间,提高了模型计算效率。

使用 SWAT 模型自带的灵敏度分析模块对赣江流域影响径流泥沙的参数进行敏感性分析,结果见表 4.6。表 4.6 中给出的前 10 个是对径流影响比较大的所有参数的敏感性排序。CN2 是对径流影响最为敏感的参数,反映了流域的产流能力,该值与流域的土地利用方式、土壤类型、植被覆盖度有关。其他对径流影响比较大的参数有主河道的有效水力传导率(CH_K2)、子流域和主河道曼宁公式 n 值(CH_N2)、土壤饱和导水率(Sol_Awc)等。后 8 个参数是结合前人的研究,采用的关于泥沙的参数,即 USLE 方程中土壤侵蚀 K 因子(USLE_ K)、USLE 方程中水保措施因子(USLE_ P)、河道侵蚀因子(CH_COV1)、河道覆盖因子(CH_COV2)等。

表 4.6 赣江流域径流泥沙敏感参数表

序号	参数名称	参数含义
1	CN2	径流曲线数
2	CH_K2	主河道的有效水力传导率
3	CH_N2	子流域和主河道曼宁公式 n 值
4	ALPHA_BNK	主河道调蓄系数
5	CANMX	最大冠层截留量
6	GW_DELAY	地下水滞后时间
7	SOL_AWC(1)	土壤饱和导水率

续表

序号	参数名称	参数含义
8	ESCO	土壤蒸发补偿系数
9	ALPHA_BF	基流消退系数
10	REVAPMN	浅层地下水再蒸发阈值
11	USLE_ K	USLE 方程中土壤侵蚀 K 因子
12	USLE_ P	USLE 方程中水保措施因子
13	CH_COV1	河道侵蚀因子
14	CH_COV2	河道覆盖因子
15	SPCON	河道泥沙演算中计算新增的最大泥沙量的线性参数
16	SPEXP	河道泥沙演算中计算新增的最大泥沙量的指数参数
17	CH_S2	主河道沿河长平均比降
18	CH_L2	主河道河长

(2)模型模拟结果的评价标准

模型参数率定完成后，采用决定系数(R^2)和 Nash - Sutcliffe 模拟系数(NS)评价模型的模拟精度。

决定系数 R^2 计算公式如式 4. 17：

$$R^2 = \frac{[\sum_i (Q_i - \overline{O})(S_i - \overline{S})]}{\sum_i (O_i - \overline{O})^2 \sum_i (S_i - \overline{S})^2} \qquad (式 4. 17)$$

R^2 的取值范围为 0 到 1，R^2 越接近 1，表示模拟值与实测值越接近，拟合程度越好，R^2 越接近于 0，表示模拟结果精度低，模拟效果越差。

纳什效率系数 NS 计算公式如式 4. 18：

$$NS = 1 \frac{\sum_i (O - S)_i^2}{\sum_i (O_i - \overline{O})^2} \qquad (式 4. 18)$$

式中，O_i 和 S_i 分别表示实测值和模拟值；$\overline{O}$ 和 $\overline{S}$ 则表示实测值和模拟值的平均值。通常当 $NS > 0.5$ 和 $R^2 > 0.6$ 时，模型模拟的结果是可以接受的。

4.2.3　赣江流域 SWAT 模型参数的率定及验证

本研究采用 1991—2007 年的气象水文资料用于 SWAT 模型的率定和验证。将 1991—2000 年作为模型参数率定期，2001—2007 年作为模型参数验证期。

考虑水库因素的赣江流域 SWAT 模型经参数率定、验证后，表明模型对于全流域的月径流输沙模拟效果较好，满足精度要求(图 4. 3 ~ 图 4. 6)。由实测值与模拟值对比图可以看出，率定期和验证期实测值与模拟值趋势变化表现出了较好的一致性，基本反映了流域径流量、输沙量的变化趋势。

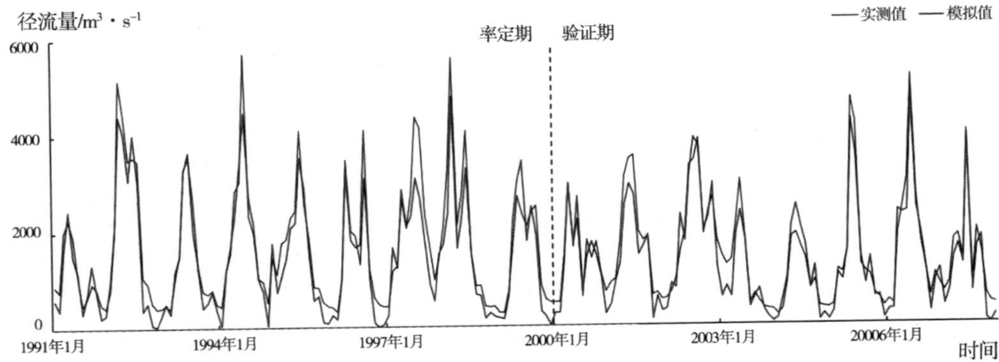

图 4.3　吉安水文站率定期与验证期径流量的观测值与模拟值

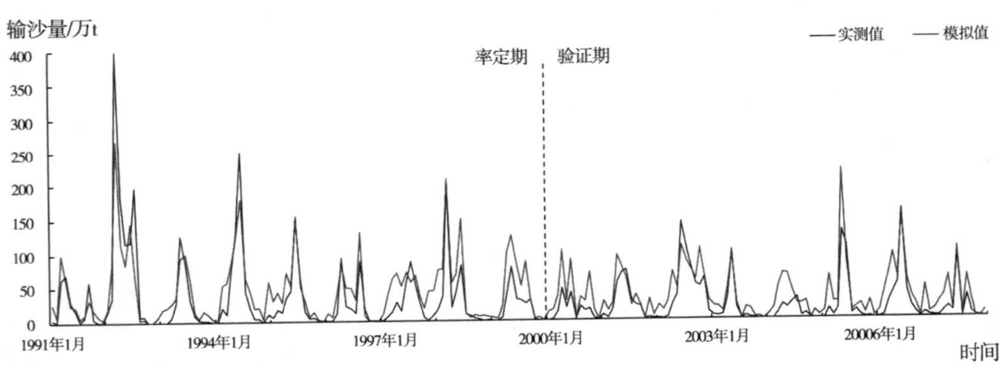

图 4.4　吉安水文站率定期与验证期输沙量的观测值与模拟值

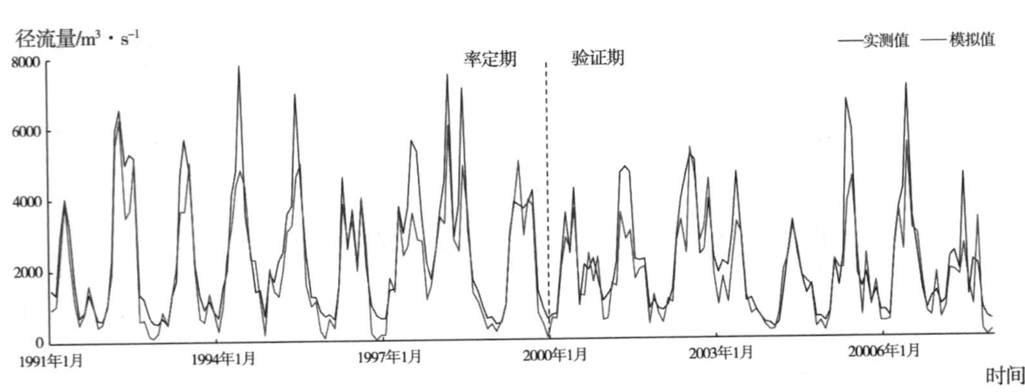

图 4.5　外洲水文站率定期与验证期径流量的观测值与模拟值

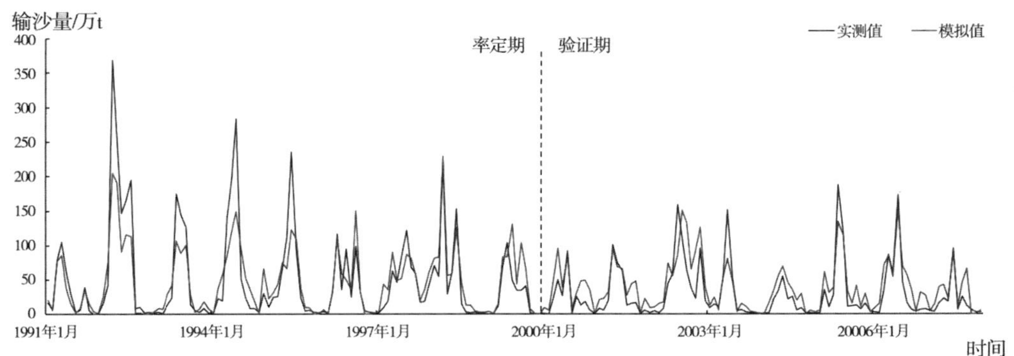

图 4.6　外洲水文站率定期与验证期输沙量的观测值与模拟值

赣江流域 SWAT 模型月尺度径流、泥沙率定期与验证期模拟结果见表 4.7。表明无论是在率定期还是验证期模型的决定系数与纳什效率系数均以达到模型的精度要求为准，尤其是流域的径流模拟效果较好；而泥沙模拟效果较径流差，仍满足精度要求。表明模型在研究区内对流域径流输沙过程的模拟结果满足精度要求，可以用来评价赣江流域水沙演变过程。

表 4.7　赣江流域 SWAT 模型月尺度径流、泥沙率定期与验证期模拟结果

站点	项目	模拟时期	决定系数	纳什效率系数
吉安	径流	率定期(1991—2000)	0.90	0.88
		验证期(2001—2007)	0.92	0.91
	泥沙	率定期(1991—2000)	0.73	0.69
		验证期(2001—2007)	0.72	0.70
外洲	径流	率定期(1991—2000)	0.87	0.81
		验证期(2001—2007)	0.77	0.74
	泥沙	率定期(1991—2000)	0.80	0.78
		验证期(2001—2007)	0.72	0.71

4.3　水沙模拟技术问题和挑战

(1) 水沙过程模拟尺度适用性问题

流域水沙运动受气候、下垫面特征的综合影响，气候要素中的降水分布具有时空分布的不均匀性与分散性，下垫面特征如地形、土壤、植被等具有空间异质性，加之流域产流汇流过程的非线性，导致水沙过程的尺度效应较明显。水文模型是开展流域水沙模拟的手段之一，其反映流域特征的数据往往是在特定点上获得的，由点数据如何转换成

面数据，转换之后的代表性如何，都是需要考虑的问题。这些问题的本质在于水文模拟的尺度适用性。流域空间尺度较小，下垫面空间异质性小，降雨空间差异性小，用点数据作为输入对流域水沙过程模拟结果精度可能较高。随着流域空间尺度增大，降雨、下垫面的空间异质性明显增加，对点数据代表性的要求越来越高。最好的流域尺度取决于水文响应过程及可得到的水文数据。目前对水沙过程的研究，各种空间、时间尺度都有，需要在已有研究的基础上进行系统归纳和研究，构建尺度适应性较强的分布水沙模拟模型，以推进流域水沙过程研究，满足人们不断提升的流域生态治理及水土资源配置等实践需求。

(2)水沙过程模拟不确定性问题

水文模型是对流域水文过程的概化模拟，其应用需要基于一定的降水输入和流域条件，而实际的流域条件却常常会超出当初模型率定和检验时相应的适用条件。因此，利用水文模型开展水沙模拟时，研究学者往往非常注意模型的不确定性问题。水沙模拟中不确定性来源，包括水沙时空变化涨落的不确定性、气候变化的不确定性、人类活动引起的不确定性、数据资料的不确定性(如样本数量代表性、数据处理中的误差、错误)、建模结构上的不确定性、模型参数率定上的不确定性。这些不确定性影响着水沙过程模拟结果。使用较高时空分辨率的多源数据、发展基于非线性水文动力模式和生态水文关系、复杂系统分析方法、计算智能模拟方法等新的水文理论、加强水文模拟不确定性分析的理论和方法的研究，是减小不确定性的主要途径。

(3)水沙过程模拟并行计算问题

随着地理信息系统、遥感、雷达、无人机遥测技术的发展，流域水沙过程模拟所需的降水、地形、土壤、土地利用等信息的时空精度不断提高，模拟的空间范围不断增大，时空分辨率不断提高，模拟所需的数据量越来越大。传统分布式水文模型所往往采用串行计算方式，限制了模型模拟的时空范围和精度，传统分布式水文模型建模方式和运行效率已不能满足研究的需求，因此需要构建基于并行框架的多尺度耦合的分布式水文模型，充分利用高性能平台的计算优势，以实现大规模跨尺度水文模拟。

第 5 章　现代洪涝预警预报技术

水文情报预报指对江河湖泊、渠道、水库和其他水体的水文要素实时情况的报告和未来情况的预报，涉及水资源开发、利用、节约和保护水生态环境监测等方面。本章仅针对洪涝进行的预警预报。

5.1　洪涝预警预报目的和任务

水文情报预报是合理利用水资源，进行防汛抗旱和水利水电建设的耳目和参谋，是一项极其重要的基本工作。水文预报是对自然界各种水体未来的水文现象及其变化进行预报。它的任务就是分析研究水文现象的演变规律和水文预报技术、预报方法，从而迅速地、准确地提供水文现象的定量或定性预报。水文预报的洪水要素包括洪峰流量(水位)、洪峰出现时间、洪量(径流量)和洪水过程等。

5.2　洪涝预警预报指标和方案

洪水预报的对象一般是江河、湖泊及水利工程控制断面的洪水要素，包括洪峰流量(水位)、洪峰出现时间、洪量(径流量)和洪水过程等。应不断提高洪水预报精度和增长有效预见期。

从降水到河道断面出流的水文物理过程，包括流域下渗、填洼、蒸散发、流域坡面汇流及河道汇流过程，是水文预报关注的对象。洪水预报的对象一般是江河、湖泊及水利工程控制断面的洪水要素，包括洪峰流量(水位)、洪峰出现时间、洪量(径流量)和洪水过程等。

洪水预报精度评定应包括预报方案精度等级评定、作业预报的精度等级评定和预报时效等级评定等。洪水预报精度评定的项目应包括洪峰流量(水位)、洪峰出现时间、洪量(径流量)和洪水过程等。可根据预报方案的类型和作业预报发布需要来确定。

(1)洪水预报误差可采用3种指标

①绝对误差:水文要素的预报值减去实测值为预报的绝对误差。多个绝对误差绝对值的平均值表示多次预报的平均误差水平;

②相对误差:绝对误差除以实测值为相对误差,以百分数表示。多个相对误差绝对值的平均值表示多次预报的平均相对误差水平。相对误差绝对值与百分之百的差值为准确率;

③确定性系数:洪水预报过程与实测过程之间的吻合程度可用确定性系数作为指标。

(2)预报方案的精度评定规定

①当一个预报方案包含多个预报项目时,预报方案的合格率为各预报项目合格率的算术平均值,其精度等级按表5.1的规定确定;

②当主要项目的合格率低于各预报项目合格率的算术平均值时,以主要项目的合格率等级作为预报方案的精度等级。

表5.1 预报项目精度等级表

项目	精度等级		
	甲	乙	丙
合格率/%	QR≥85.0	85.0>QR≥70.0	70.0>QR≥60.0
确定性系数	DC>0.90	0.90≥DC≥0.70	0.70>DC≥0.50

5.3 江河洪水现代预警预报技术

5.3.1 降雨产流预报

降雨径流预报是根据次洪降雨量预报流域出流断面的流量过程。降雨径流形成过程主要归结为产流及汇流两个阶段及两项预报内容。前者是由次洪降雨量预报所形成的产流量(净雨量),又称扣损计算;后者将产流量演变为出口断面的流量过程。

常用的流域产流预报方法主要有降雨径流相关图法、流域蓄水曲线法、下渗曲线法、初损后损法等。下面主要介绍常用的降雨径流相关图法,见图5.1。

降雨径流经验关系曲线有各种形式,一般有产流量 $R=f$(次雨量 P,前期影响雨量

Pa,季节,温度)、$R=f$(前期影响雨量 Pa,水起涨流量 Q_0)和考虑雨强的超渗式关系曲线形式。这里介绍国内普遍使用的产流量与降雨量和前期影响雨量三者的关系,即 $P \sim Pa \sim R$ 相关图。

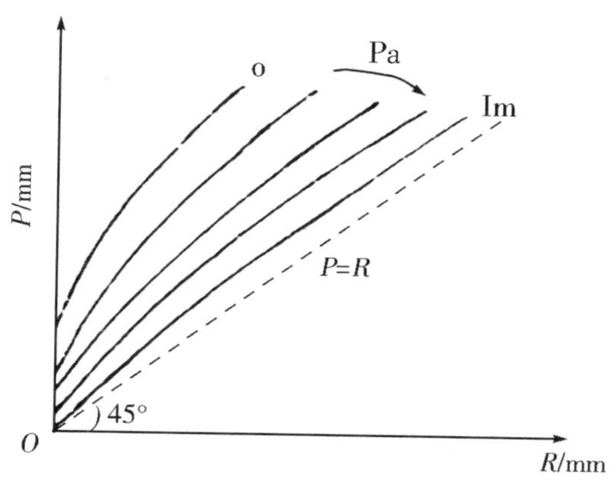

图 5.1 $P \sim Pa \sim R$ 相关图

用 $P \sim P_a \sim R$ 相关图做流域降雨径流计算的步骤是:从历史资料中选择 30 ~ 50 场次洪水,确定每场次洪水的降雨起止时间和洪水起止时间,分别辊计算各场次洪水的 P、Pa、R。

根据计算出的流域平均降雨量 P 和所产生的径流量 R,以及相应的前期影响雨量 Pa,便可建立降雨径流相关图。显然,Pa 是影响降雨径流关系最主要的因素,因为流域的产流决定于非饱和带的物理特性,而前期影响雨量的物理含义是土壤含水量,它反映了非饱和带土壤的物理性质,但它不是唯一的因素,在有些情况下,其他因素不可忽略。除了前期影响雨量以外,季节、降雨历时、流域平均雨强等也不同程度地影响着降雨径流关系。

由 $R=f(P,Pa)$ 建立起来的三变数降雨径流相关图,结构简单,使用方便,且能满足精度上的要求,所以被广泛地应用于雨洪径流预报。

5.3.1.1 前期影响雨量 Pa 的计算(式 5.1 至式 5.5)

Pa 由前期雨量计算,也称前期影响雨量,是反映土壤湿度的参数。其计算公式为:

若前一个时段有降雨量,即 $P_{t-1} > 0$ 时,则

$$P_{a,t} = K(P_{a,t-1} + P_{t-1}) \qquad \text{(式 5.1)}$$

若前一个时段无降雨时,即 $P_{t-1} = 0$,则

$$P_{a,t} = K P_{a,t-1} \qquad \text{(式 5.2)}$$

式中:K 为土壤含水量衰减系数,对于日模型而言,一般地取 $K \approx 0.85$;$P_{a,t-1}$ 和

$P_{a,t}$ 分别为前一个时段和本时段的前期影响雨量；P_{t-1} 为前一个时段降雨量。

$$\begin{cases} P_{a,t} = K(P_{a,t-1} + P_{t-1}) \\ P_{a,t-1} = K(P_{a,t-2} + P_{t-2}) \\ P_{a,t-2} = K(P_{a,t-3} + P_{t-3}) \\ \cdots\cdots \\ P_{a,t-n+1} = K(P_{a,t-n} + P_{t-n}) \end{cases} \quad (式 5.3)$$

将式(5.3)各行逐一代入得到

$$P_{a,t} = K P_{t-1} + K^2 P_{t-2} + K^3 P_{t-3} + \cdots + K^n(P_{a,t-n} + P_{t-n}) \quad (式 5.4)$$

(式 5.1)为向前倒数 n 天的一次计算式。一般取 15 天即可满足计算要求。

用 I_m 表示流域最大损失量,在数值上等于流域蓄水容量,通常 $I_m \approx 60 \sim 100$ mm 。当计算 $P_a > I_m$ 时,则以 I_m 作 P_a 值计算,即认为,此后的降雨量 P 不再补充初损量,全部形成径流 R 。

当计算时段长 $\Delta t \neq 24\ h$,土壤含水量衰减系数 K 应该用式 5.5 换算

$$K = K D^{1/N} \quad (式 5.5)$$

式中:$N = 24/\Delta t$, KD 为土壤含水量日衰减系数, K 为计算时段是 Δt 小时的土壤含水量衰减系数。

5.3.1.2 降雨径流相关图的绘制

根据计算出的流域平均降雨量 P 和 P 所产生的径流量 R ,以及相应的前期影响雨量 P_a ,便可建立降雨径流相关图。显然, P_a 是影响降雨径流关系最主要的因素,因为流域的产流决定于非饱和带的物理特性,而前期影响雨量的物理含义是土壤含水量,它反映了非饱和带土壤的物理性质,但它不是唯一的因素,在有些情况下,其他因素不可忽略。除了前期影响雨量以外,季节、降雨历时、流域平均雨强等也不同程度地影响着降雨径流关系。

由式 $R = f(P, P_a)$ 建立起来的三变数降雨径流相关图,见图 5.2,由于结构简单,使用方便,且能满足精度上的要求,所以被广泛地应用于雨洪径流预报。该相关图具有下列共同特点:

①当 P 一定时, P_a 越大, R 也就越大,所以 P_a 等值线呈左小右大;

②P_a =0 线的延线交 P 的截距为 I_m , $P_a \neq 0$ 线的延线交 P 的截距为 D (流域土壤缺水量);

③在 P 和 R 取同一比例时, $P_a = I_m$ 线与横坐标的夹角略大于 45°线;

④由于超渗产流和局部蓄满产流,也就是说,未满足流域平均土壤缺水量就产流,

因此曲线下端曲率较大,上端由于土壤渐趋饱和而逐渐趋于直线且与 $P_a = I_m$ 平行;

⑤在同一流域平均径流深 R 下,P_a 越小产流面积就越小,所需的雨量就越大,因此曲线下端的曲率随着 P_a 的减小而增大;

⑥在同一 P_a 情况下,P 越大,径流系数 α 越大。

在点绘三变数降雨径流相关图时,应考虑上述特点来定线。

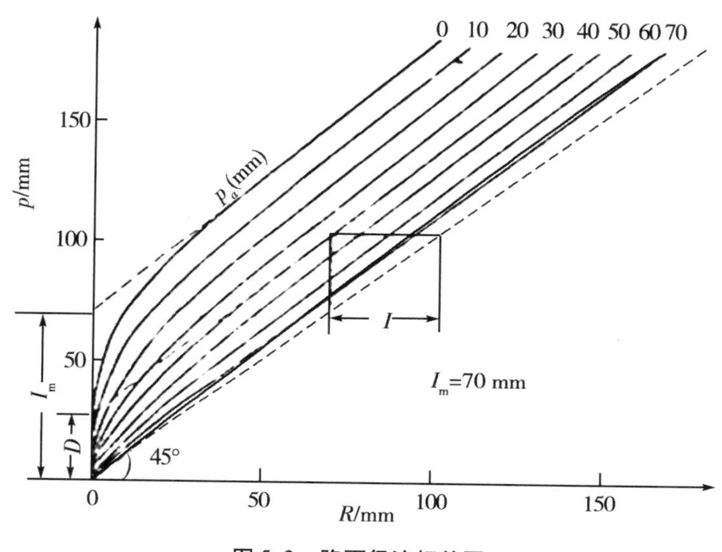

图 5.2 降雨径流相关图

5.3.1.3 相关图推流计算

用 $P \sim Pa \sim R$ 相关图做流域降雨径流计算的步骤是:首先摘录每条曲线的各点坐标,把 $P \sim Pa \sim R$ 曲线坐标和土壤含水量衰减系数 K、土壤最大损失量 Im、计算时段长 dt 以及计算开始时的前期影响雨量 Pa,作为模型参数,计算每个时段的净雨量。

在具体处理时,一种是根据洪水初期的 Pa 值,把时段雨量序列变成累积雨量序列,用累积雨量查出累积净雨,由累积净雨再转化成时段净雨量序列,另一种方法是根据时段降雨序列资料直接推求时段净雨序列。

第一种方法的缺点是在整个洪水过程中,使用一条 $P \sim R$ 曲线,没有考虑洪水期中 Pa 的变化。而后者的不足是,当时段取得过小时,一般时段雨量不大,推求净雨时的查线计算易集中在曲线的下段。

5.3.2 流域汇流预报

流域汇流预报是指由净雨量预报流域出口的流量过程。流域汇流历时是降雨径流预报预见期的来源,流域汇流物理过程是编制预报方案的理论依据。流域汇流包括坡地和河网两个汇流阶段,坡地汇流是指水体在坡面上的运动,当水流由坡面补给河槽,沿河网继续运动就进入河网汇流阶段。

常用的流域汇流预报方法主要有等流时线法、单位线法、地貌瞬时单位线等。

使用等流时线法预报流域汇流的关键是合理选取流域平均流速，以及考虑平均流速随雨量或流量的变化。单位线法使用的条件是流域上净雨呈均匀分布，以及流域汇流系统满足倍比性和叠加性，因此，要考虑暴雨中心位置和降雨强度等对单位线的影响。下面主要介绍舍尔曼单位线法。

5.3.2.1 单位线法的基本原理

谢尔曼(L. K. Sherman)于 1932 年提出了单位线的概念。其定义为：流域上分布均匀的一个时段净雨，所形成的流域出口断面的直接径流过程线，即为单位线，记为 UH。

一个单位净雨是指单位时段内的单位净雨深，单位时段净雨深通常取 10 mm，而单位时段长可以任取，例如 1 h、3 h、6 h 等。

实际发生的净雨，常常不是一个时段，也不是一个单位，应用于分析单位线时，需作一些假定。这些假定可归纳为以下两点：

①如果单位时段内净雨深不是一个单位，而是 n 个，它所形成的出流过程线，总历时与 UH 相同，流量则是 UH 的 n 倍；

②如果净雨历时不是一个时段，而是 m 个，则各时段净雨所形成的出流过程之间互不干扰，出流过程的流量等于 m 个流量过程之和。

由以上假定，净雨 r_d、出流 Q_d 与 UH 的纵坐标 q 之间的关系如式 5.6：

$$Q_{d,t} = \sum_{i=1}^{m} r_{d,i}\, q_{t-i+1} \qquad (\text{式 } 5.6)$$

式中：$i=1,2,3\cdots m$，为净雨时段数。Qd 和 q 的单位为 m^3/s，rd 则用单位净雨深的 n 倍来表示，见图 5.3。

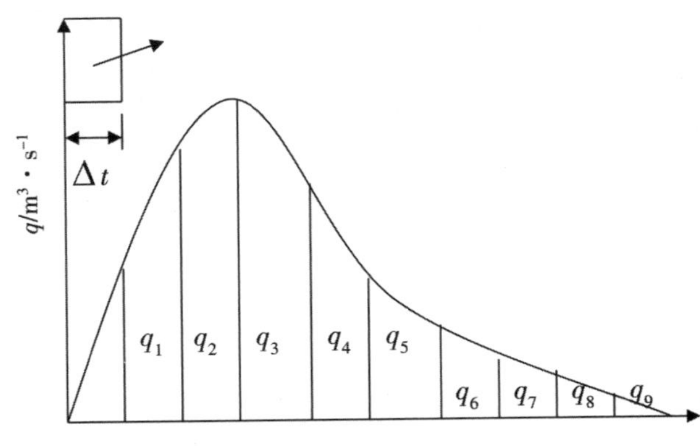

图 5.3 10 mm 单位线图

如果 UH 已知，根据上式，可由净雨深过程推求流量过程，计算非常方便。关键是如何求得 UH。可以根据流域的实测水文资料，分析出净雨及直接径流过程后，按逆过程推求出 UH。

5.3.2.2　单位线的推求

推求 UH 是使用次洪时段净雨深及相应计算时段长的直接径流时序过程。前者由次洪降雨量经过扣损后得到，后者由洪水过程线分割地下水后得到。在分析单位线时应注意的主要问题：由扣损方案得到的次洪净雨深，常常不等于洪水过程线分割得到的实测径流深，为了不把扣损的误差带入汇流计算，需要将计算值改正，或称平差。经对误差的来源进行分析后，以不改变原来的雨型为原则，对净雨深作出较合理的修正。

在单位线是已知的情况下，那么依据单位线的基本假定，利用列表的形式可以比较容易地推求出任意的地面净雨过程在流域出口断面所形成的地面径流过程。但是应该注意，所采用的单位线的时段长必须与净雨过程的时段长完全相同。

单位线计算示例见表 5.2。

表 5.2　单位线计算示例

时段（$\Delta t=3$ h）	单位 $q/m^3\cdot s^{-1}$	地面净雨 h 面/mm	$h_1=5$ mm 形成的部分地面径流 $/m^3\cdot s^{-1}$	$h_2=162$ mm 形成的部分地面径流 $/m^3\cdot s^{-1}$	$h_3=37$ mm 形成的部分地面径流 $/m^3\cdot s^{-1}$	总地面径流 $/m^3\cdot s^{-1}$
(1)	(2)	(3)	(4)	(5)	(6)	(7)
0	0	/	0	/	/	0
1	8.4	5	4	0	/	4
2	49.6	162	25	136	0	161
3	33.8	37	17	804	31	852
4	24.6	/	12	548	184	744
5	17.4	/	9	399	125	533
6	10.8	/	5	282	91	378
7	7	/	4	175	64	243
8	4.4	/	2	113	40	155
9	1.8	/	1	71	26	98

续表

时段（$\Delta t=3$ h）	单位 $q/\mathrm{m^3 \cdot s^{-1}}$	地面净雨 h 面/mm	$h_1=5$ mm 形成的部分地面径流 $/\mathrm{m^3 \cdot s^{-1}}$	$h_2=162$ mm 形成的部分地面径流 $/\mathrm{m^3 \cdot s^{-1}}$	$h_3=37$ mm 形成的部分地面径流 $/\mathrm{m^3 \cdot s^{-1}}$	总地面径流 $/\mathrm{m^3 \cdot s^{-1}}$
10	0	/	0	29	16	45
11	/	/	/	0	7	7
12	/	/	/	/	0	0
合计	157.8	205	/	/	/	3220

在单位线是未知单位情况下，则需要进行单位线推求，常用的方法有分析法或试错法等。

（1）分析法见式 5.7 至式 5.9

由 $Q_{d,t}=\sum_{i=1}^{m} r_{d,i}\,q_{t-i+1}$ 得到一个多元线性代数方程组，求解该代数方程组可以得到 q_1、q_2 的数字，该方程组中的 $Q_{d,t}$、$r_{d,t}$ 是已知的，可以逐一消去进行求解。已知 $Q_{d,1}$ 和 $r_{d,1}$，解出 q_1：

$$q_1=\frac{Q_{d,1}}{r_{d,1}} \tag{式 5.7}$$

q_1 为已知，将其代入，可得到 q_2

$$q_2=\frac{Q_{d,2}-r_{d,2}\,q_1}{r_{d,1}} \tag{式 5.8}$$

由此递推下去，得到

$$q_t=\frac{Q_{d,t}-\sum_{i=2}^{m} r_{d,i}\,q_{t-i+1}}{r_{d,1}} \tag{式 5.9}$$

直接代数法对于降雨径流实测资料没有误差，流域汇流符合线性时不变系统时，能得出正确的唯一解。当实际情况是：实测的资料均存在着观测误差，流域汇流为非线性系统，因此直接分析法不但不能得出唯一解，由于误差累积，其解常很不合理。如分析得到的 $q\sim t$ 呈锯齿形，退水段有时甚至出现负值，无法继续计算下去。所以很少有人使用。

（2）试错法

这个方法是假设单位线，目估对比推流与实测的 $Q_d\sim t$。当两者最接近时，所假设的 UH 即为所求。

初始的 UH 可用其它洪水已分析得来的成果，或用斜线分割法的结果，也可任意假定。

试错法应用比较广泛，有的用科林法试错，有的凭经验试错。但主要是确定单位线过程的初始假定比较困难，试错过程有时也会出现不合理现象，对其过程进行修正也不易做得完好。

(3)系统识别方法

UH 既然是线性系统的单位响应，进一步可以应用线性系统鉴别的方法推求 UH 的最优解，如有约束的最小二乘法和回归法等。

(4)各种方法的特点

综上所述，推求单位线的方法主要有分析法、试错法和系统识别法。试错法又可分为目估试错法和科伦试错法，后者是一种迭代性质的试错法。

分析法当降雨为一个时段时能取得很好的效果，但当降雨时段数大于一个时段，分析法推求的结果可能出现锯齿形，甚至出现负值，主要原因是误差的累积。目估试错法是通过人工目估，逐步试错，使计算的流量过程与实测的流量过程吻合，避免了误差的累积，但任意性大，吻合程度缺乏客观标准，并且要求调试者具有相当的经验，费时费力。科伦试错法是首先拟定初始单位线，然后按初始单位线计算出除最大降雨时段外的其他时段降雨产生的流量过程。并从实测流量过程中减去，差值即当成最大降雨时段产生的流量过程，据此推求新的单位线，将新单位线作为初始单位线，重复上述步骤，直至新旧单位线之间的差值达到给定的误差要求。优点是当初始单位线拟定后，不必目估试错，能自动逐步修正，适合计算机编程。缺点是计算结果及迭代的收敛性与初始单位线的拟定有关，推求的结果不一定是最佳结果。另外，当降雨时段较多时，迭代难以继续下去。因此，科伦试错法在降雨较集中的最大时段或降雨时段较小时，效果较好。

5.3.2.3　单位线时段转换

单位线是有一定长度的，同一次洪水，如单位时段长度不同，实际雨强不等，单位线不相同。如原来单位线时段长为 T，现推求 2T 的 UH，根据线性假定，可将 UH 滞后 Th，与原 UH 相加，将该过程线的纵坐标除以 2 即得 2T 的 UH。该 UH 的峰值应等于上述两个 UH 的交点，比原来 UH 峰值低并滞后，这是由于历时增长，雨强降低。因此，对一个给定的流域综合 UH 方案，或将不同地区的 UH 方案综合，需将不同时段的 UH 换算为同一时段。

UH 是作为一个经验方法提出来的，但方法简易，精度较好，生产上一直沿用至今。

系统概念引入后，建立了 UH 的理论，明确了方法的物理实质，这对于推求 UH 及正确的应用都有益。UH 是个黑箱模型，并和流域上实际的水力状况没有关系，使用时必须有实测水文资料，这是它的应用受到限制的原因。

5.3.2.4 单位线的综合与无因次单位线

为求得流域的单位线预报方案，需分析多次洪水。多数流域各次洪水所得到的 UH 会有差别。这时，首先要检查原始资料的观测误差，及根据原始资料计算用于分析 UH 的 $r_d \sim t$ 和 $Q_d \sim t$ 过程中的操作误差做出可能的改正，然后对 UH 的变化根据 UH 原理上存在的问题进行分析及处理。

如果各次洪水的变化不大，可求出平均 UH。平均 UH 的绘制需注意，平均纵坐标值不宜取同时流量的平均值。应首先根据各 UH 计算出平均洪峰值及峰现时间、确定峰点位置。根据各单位线形状初绘综合的单位线，并校核总量为单位净雨深，得到流域综合单位线。求得流域综合单位线后，按 $UH(i) = q(i)/\sum q(i)$ 推求无因次单位线，以便于无资料地区的移用。

除了以上所介绍的几类方法外，还有降雨洪峰水位、降雨净峰流量、合成流量和上下游洪峰水位相关等经验方法，在实践中得到了广泛的应用。由于其原理较为简单，这里不作具体介绍。

5.3.3 新安江三水源模型

新安江模型是一个分散参数的概念性模型，在我国湿润、半湿润地区得到了广泛的应用。根据流域下垫面的水文、地理情况将其流域分为若干单元面积，将每个单元面积预报的流量过程演算到流域出口，然后叠加起来即为整个流域的预报流域过程。20 世纪 70 年代初建立的新安江模型为二水源，但对于湿润地区，没有划出壤中流，导致汇流的非线性程度偏高，效果不好。20 世纪 80 年代初引进吸收了山坡水文学的概念，提出三水源的新安江模型。

新安江三水源模型按照三层蒸散发模式计算流域蒸散发，采用流域蓄水曲线考虑下垫面不均匀对产流面积变化的影响。在径流成分划分方面，该模型依据“山坡水文学”产流理论把总径流划分成饱和地面径流、壤中水径流和地下水径流。在汇流计算方面，单元面积的地面径流汇流一般采用单位线法，壤中水径流和地下水径流的汇流则采用线性水库法。河网汇流一般采用分段连续演算的 Muskingum 法或滞时演算法，但它一般不作为新安江模型的主体。

5.3.3.1 模型结构

新安江模型的一个重要特点是三分，即分单元，分水源，分阶段。分单元是把整个流域划分成为许多单元,这样主要是为了考虑降雨分布不均匀的影响,其次也便于考虑下垫面条件的不同及其变化;分水源是指将径流分成为三种成分,即地表、壤中、地下,三种水源的汇流速度不同,地表最快、地下最慢;分阶段是指将汇流过程分为坡面汇流阶段和河网汇流阶段,原因是两个阶段汇流特点不同,在坡地各种水源汇流速度不同,而在河网则无此差别。

新安江模型主要由四部分组成:

①蒸散发计算,蒸散发分为上层、下层和深层;

②产流计算,采用蓄满产流概念;

③水源划分,采用自由水蓄水库进行水源划分,水源分为地表、壤中、地下三种径流;

④汇流计算,汇流分为坡面、河网汇流两个阶段。按线性水库原理计算河网总入流;河道汇流采用马斯京根分段连续演算法。

新安江三水源模型的流程图见图5.4所示。图中输入为降雨 P 和水面蒸发 EM ,输出为流域出口断面流量 Q 和流域蒸散发量 E 。方框内是状态变量,方框外是模型参数。

5.3.3.2　计算方法

由新安江三水源模型流程图(图5.4)可见,其计算方法可分为四大部分:

(1)蒸散发计算

新安江三水源模型中的蒸散发计算采用三层蒸发计算模式,输入是蒸发器实测水面蒸发,参数是流域上、下、深三层的蓄水容量 WUM、WLM、WDM(流域蓄水容量 $WM = WUM + WLM + WDM$)、流域蒸散发折算系数 K 和深层蒸散发系数 C。输出为上、下、深各层时变的流域蒸散发量 EU、EL、ED(流域蒸散发量 $E = EU + EL + ED$) 和各层时变的流域蓄水量 WU、WL、WD(流域蓄水量 $W = WU + WL + WD$)。

各层蒸散发的计算原则是,上层按蒸散发能力蒸发,上层含水量、蒸发量不够蒸发时,剩余蒸散发能力从下层蒸发,下层蒸发与蒸散发能力及下层蓄水量成正比,并要求计算的下层蒸发量与剩余蒸散发能力之比不小于深层蒸散发系数 C 。否则,不足部分由下层蓄水量补给,当下层蓄水量不够补给时,用深层蓄水量补给,见式5.10至式5.12。

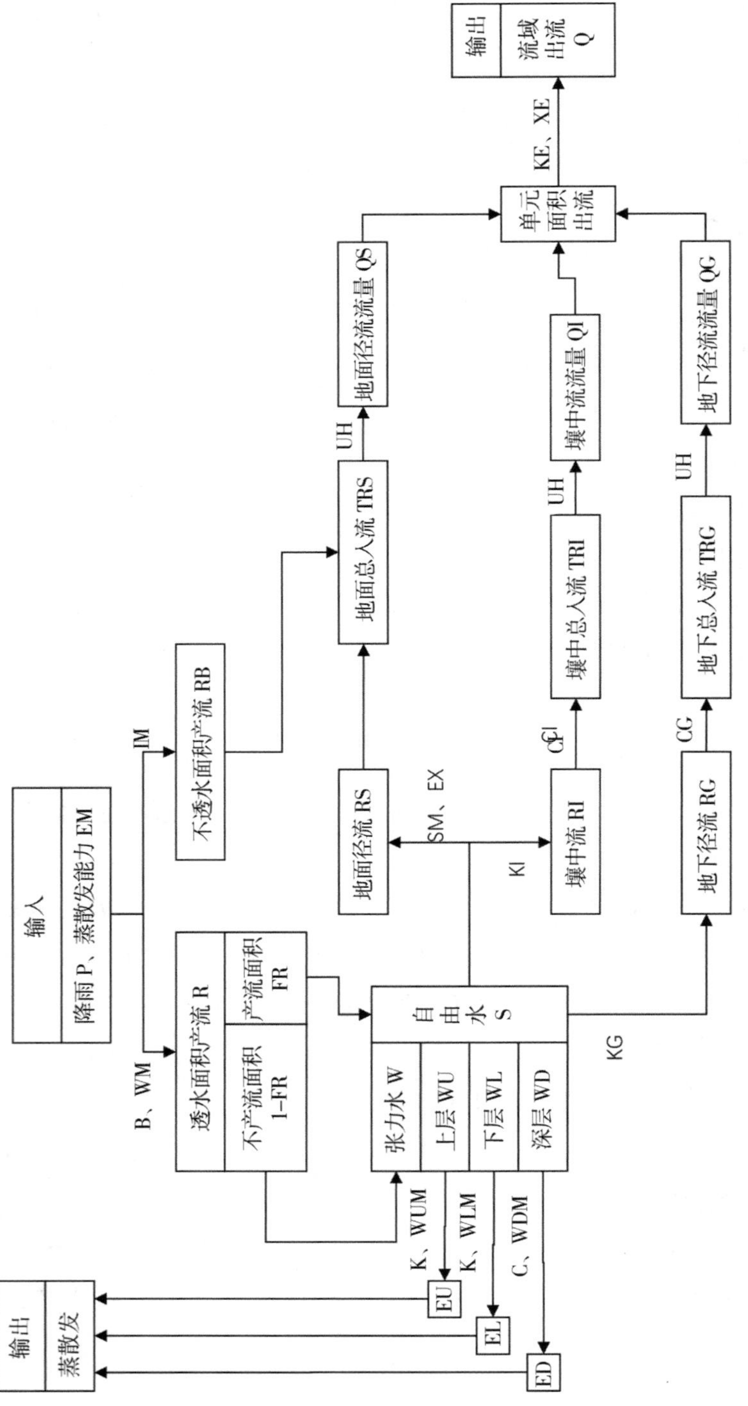

图 5.4 新安江三水源模型流程图

其中 $PE = P - E$ 时，计算公式如式 5.10 至式 5.14。

当 $PE + WU \geqslant EP$ 时，

$EU = EP, EL = 0, ED = 0$

当 $PE + WU < EP$ 时，

$EU = PE + WU$

若 $WL \geq C \times WLM$，则

$$EL = (EP - EU) \times \frac{WL}{WLM}, ED = 0 \quad \text{（式 5.10）}$$

若 $WL < C \times WLM$ 且 $WL \geq C \times (EP - EU)$，则

$$EL = C \times (EP - EU), ED = 0 \quad \text{（式 5.11）}$$

若 $WL < C \times WLM$ 且 $WL < C \times (EP - EU)$，则下层已不满足蒸发，需在深层蒸发

$$EL = WL, ED = C \times (EP - EU) - WL \quad \text{（式 5.12）}$$

以上各式中，$EP = K \times EM$。

（2）产流量计算

产流量计算是根据蓄满产流理论得出的。所谓蓄满，是指包气带的含水量达到田间持水量。在土壤湿度未达到田间持水量时不产流，所有降雨都被土壤吸收，成为张力水。而当土壤湿度达到田间持水量后，所有降雨（减去同期蒸发）都产流。

一般说来，流域内各点的蓄水容量并不相同，新安江（三水源）模型把流域内各点的蓄水容量空间分布概化成抛物线，见式 5.13。

$$\frac{f}{F} = 1 - (1 - \frac{W'_m}{W'_{mm}})^B \quad \text{（式 5.13）}$$

式中：W'_{mm} 为流域内最大的点蓄水容量；W'_m 为流域内某一点的蓄水容量；f 为蓄水容量≤ W'_m 值的流域面积；F 为流域面积；B 为抛物线指数。

据此可求得流域蓄水容量见式 5.14。

$$WM = \int_0^{W'_{mm}} (1 - \frac{f}{F}) d W'_m = \frac{W'_{mm}}{B + 1} \quad \text{（式 5.14）}$$

与初始流域蓄水量 W_0 相应的纵坐标（A）见式 5.15。

$$A = W'_{mm}[1 - (1 - \frac{W_0}{WM})^{\frac{1}{B+1}}] \quad \text{（式 5.15）}$$

当 $PE > 0$ 时，则产流；否则不产流。产流时，当 $PE + A < W'_{mm}$，则见式 5.16。

$$R = PE - WM + W_0 + WM(1 - \frac{PE + A}{W'_{mm}})^{1+B} \quad \text{（式 5.16）}$$

当 $PE + A \geq W'_{mm}$，则见式 5.17。

$$R = PE - (WM - W_0) \quad \text{（式 5.17）}$$

做产流计算时，模型的输入为 PE，参数包括流域蓄水容量 WM 和抛物线指数 B；

输出为流域产流量 R 及流域时段末蓄水量 W，见图 5.5。

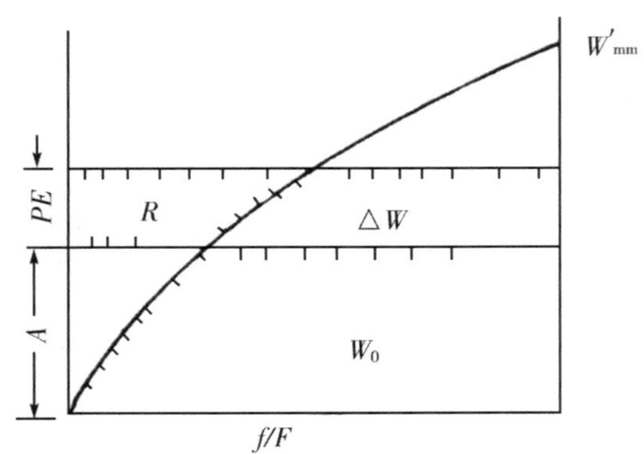

图 5.5 流域蓄水容量曲线

(3)水源划分计算

新安江三水源模型用自由水蓄水库的结构代替原先 FC 的结构，以解决水源划分问题。按蓄满产流模型求出的产流量 R。先进入自由水蓄量 S，再划分水源，如图 5.6 所示。此水库有两个出口，一个底孔形成地下径流 RG，一个边孔形成壤中流 RSS，其出流规律均按线性水库出流。由于新安江模型考虑了产流面积 FR 问题，所以这个自由水蓄水库只发生在产流面积上，其底宽 FR 是变化的，产流量 R。

进入水库即在产流面积上，使得自由水蓄水库增加蓄水深，当自由水蓄水深 S 超过其最大值 SM 时，超过部分成为地面径流 RS。模型认为，蒸散发在张力水中消耗，自由水蓄水库的水量全部为径流。

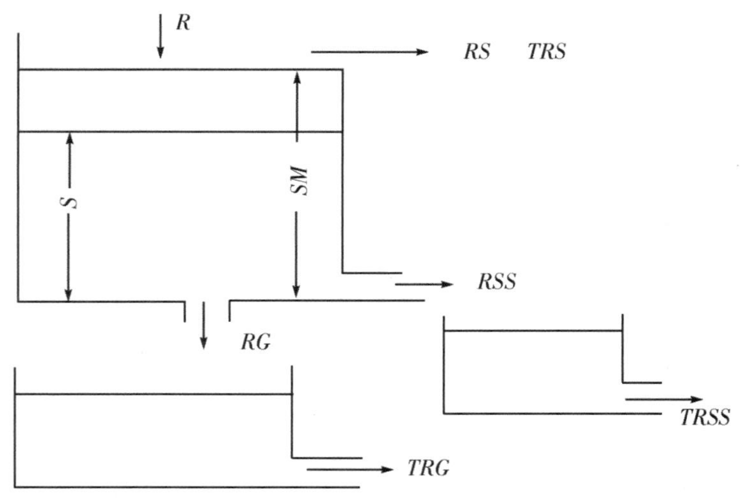

图 5.6 自由水蓄水库结构图

S 为自由水蓄水库的蓄水深；SM 为自由水蓄水库的蓄水容量；FR 为产流面积。

底孔出流量 RG 和边孔出流量 RSS 分别进入各自的水库，并按线性水库的退水规律流出，分别成为地下水总入流 TRG 和壤中流总入流 $TRSS$。并认为地面径流的坡地汇流时间可以忽略不计。所以地面径流 RS 可认为与地面径流的总入流 TRS 相同。

由于产流面积 FR 上自由水的蓄水容量还不能认为是均匀分布的，即 SM 为常数不太合适，要考虑 SM 的面积分布。这实际上就是饱和坡面流的产流面积不断变化的问题。

模仿张力水分布不均匀的处理方式，把自由水蓄水能力在产流面积上的分布也用一条抛物线来表示，见图5.7。即见式5.18：

$$\frac{FS}{FR} = 1 - \left(1 - \frac{SM\,F'}{SMMF}\right)^{EX} \qquad (式5.18)$$

式中：$SM\,F'$ 为产流面积 FR 上某一点的自由水容量；$SMMF$ 为产流面积 FR 上最大一点的自由水蓄水容量；FS 为自由水蓄水能力 $\leq SM\,F'$ 值的流域面积；EX 为流域自由水蓄水容量曲线的指数。

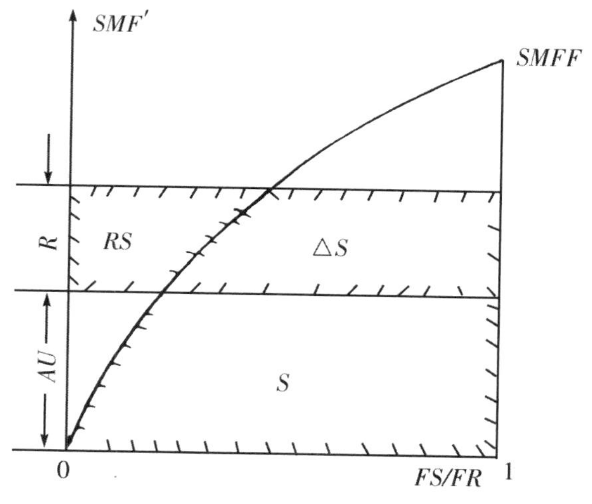

图5.7　流域自由水蓄水容量曲线

产流面积上的平均蓄水容量深（SMF）见式5.19。

$$SMF = \frac{SMMF}{1 + EX} \qquad (式5.19)$$

在自由水蓄水容量曲线上 S 相应的纵坐标 AU 见式5.20。

$$AU = SMMF\left[1 - \left(1 - \frac{S}{(SMF)}\right)^{\frac{1}{1+EX}}\right] \qquad (式5.20)$$

S 为流域自由水蓄水容量曲线上的自由水在产流面积上的平均蓄水深；AU 为 S 对应的纵坐标。

显然，$SMMF$ 和 SMF 都是产流面积 FR 的函数，是无法确定的变量。这里假定

$SMMF$、产流面积 FR 及全流域上最大一点的自由水蓄水容量 SMM 的关系仍为抛物线分布,见式5.21至式5.23。

$$FR = 1 - (1 - \frac{SMMF}{SMM})^{EX} \quad (式5.21)$$

则

$$SMMF = [1 - (1 - FR)^{\frac{1}{EX}}]SMM \quad (式5.22)$$

$$SMM = SM(1 + EX) \quad (式5.23)$$

流域的平均自由水容量 SM 和抛物线指数 EX 对于一个流域来说是固定的,属于模型率定的参数。已知 SM 和 EX,就可以得到 $SMMF$。

已知上时段的产流面积 $FR0$ 和产流面积上的平均自由水深 $S0$,根据时段产流量 R,计算时段地面径流、壤中流、地下径流及本时段产流面积 FR 和 FR 上的平均自由水深 S 的步骤见式5.24至式5.37。

$$FR = R/PE \quad (式5.24)$$

$$S = S0 \cdot FR0/FR \quad (式5.25)$$

$$SMM = SM \cdot (1 + EX) \quad (式5.26)$$

$$SMMF = SMM \cdot [1 - (1 - FR)^{1/EX}] \quad (式5.27)$$

$$SMF = SMMF/(1 + EX) \quad (式5.28)$$

$$AU = SMMF[1 - (1 - \frac{S}{SMF)})^{\frac{1}{1+EX}}] \quad (式5.29)$$

当 $PE + AU \geq SMMF$ 时,则

$$RS = FR(PE + S - SMF) \quad (式5.30)$$

$$RSS = SMF \cdot KI \cdot FR \quad (式5.31)$$

$$RG = SMF \cdot KG \cdot FR \quad (式5.32)$$

$$S = SMF - (RSS + RG)/FR \quad (式5.33)$$

当 $0 < PE + AU < SSMF$ 时,则

$$RS = FR \cdot [PE - SMF + S + SMF(1 - \frac{PE + AU}{SMMF})^{EX+1}] \quad (式5.34)$$

$$RSS = KI \cdot FR(PE + S - RS/FR) \quad (式5.35)$$

$$RG = KG \cdot FR(PE + S - RS/FR) \quad (式5.36)$$

$$S = S + PE - (RS + RSS + RG)/FR \quad (式5.37)$$

KI 和 KG 分别为壤中流与地下径流的日出流系数,划分计算见图5.8。

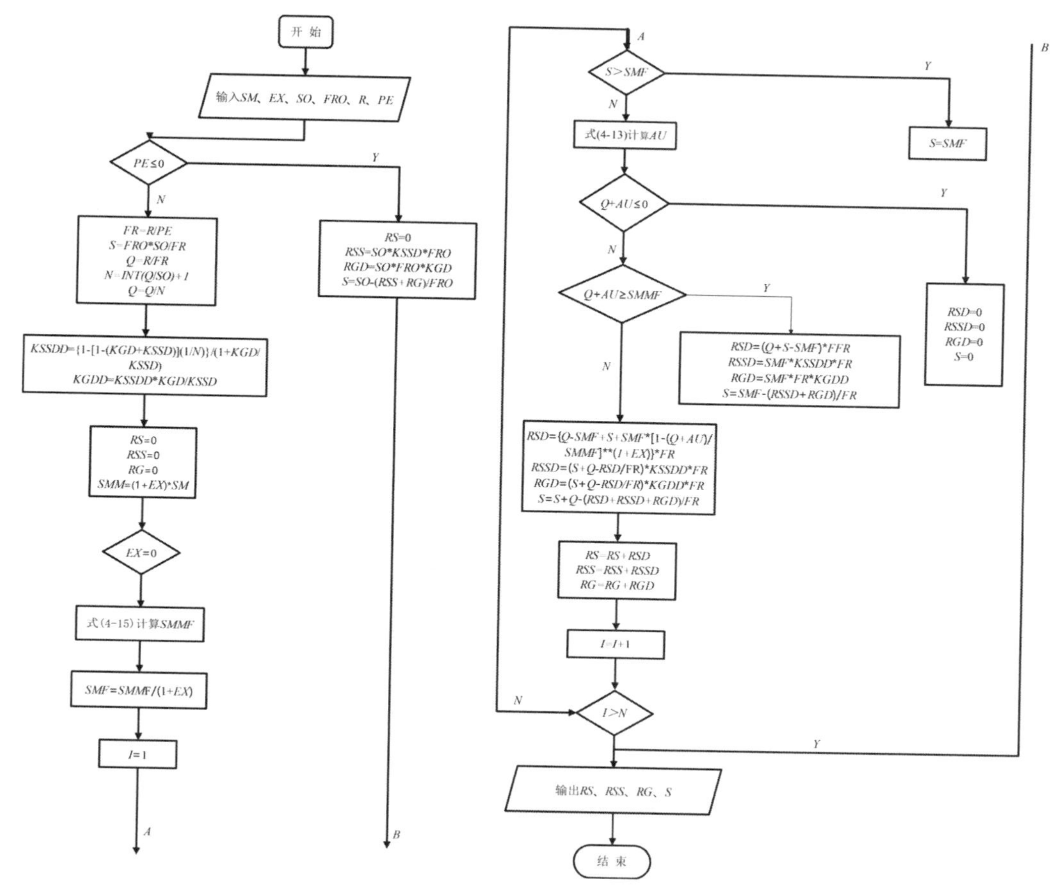

图 5.8　新安江三水源模型水源划分计算框图

出流系数 *KI*、*KG* 以日为时段长定义，当时段长改变后，*KI*、*KG* 要做相应的改变，如将一天分成 *D* 个时段，则时段出流系数为 *KID*、*KGD* 见式 5. 38 至式 5. 39：

$$KID = \frac{1 - [1 - (KI + KG)]^{1/D}}{1 + KG/KI} \qquad （式 5.38）$$

$$KGD = KID \frac{KG}{KI} \qquad （式 5.39）$$

在对自由水蓄水库做水量平衡计算中，有一个差分计算的误差问题，常用的计算程序，把产流量放在时段初进入水库，而实际上它是在时段内均匀进入的，这就造成了向前差分误差。这种误差有时很大，要设法消去。处理的方法是：每时段的入流，按 5 mm 为一段分成 *G* 段，并取整数，各时段的 *G* 值都可不同，也就是把计算时段 $\Delta t/G$ 分成 *G* 段，即以 $\Delta t/G$ 为时段长进行计算。这样，差分误差就很小了。当时段长改变后，出流系数 *KI* 和 *KG* 要作相应的改变。

(4)汇流计算

流域汇流计算包括坡地汇流和河网汇流两个阶段。

①坡地汇流

新安江三水源模型中把经过水源划分得到的地面径流 RS 直接进入河网,成为地面径流对河网的总入流 TRS 。壤中流 RSS 流入壤中流水库,经过壤中流蓄水库的消退(壤中流水库的消退系数为 CI),成为壤中流对河网总入流 $TRSS$ 。地下径流 RG 进入地下蓄水库,经过地下蓄水库的消退(地下蓄水库的消退系数为 CG),成为地下水对河网的总入流(TRG)。计算公式见式 5.40 至式 5.43:

$$TRS(t) = RS(t) \cdot U \quad \text{(式 5.40)}$$

$$TRSS(t) = TRSS(t-1) \cdot CI + RSS(t) \cdot (1 - CI) \cdot U \quad \text{(式 5.41)}$$

$$TRG(t) = TRG(t-1) \cdot CG + RG(t) \cdot (1 - CG) \cdot U \quad \text{(式 5.42)}$$

$$TR(t) = TRS(t) + TRSS(t) + TRG(t) \quad \text{(式 5.43)}$$

式中: U 为单位转换系数, $U = \dfrac{F}{3.6\Delta t}$ (F 为流域面积; Δt 为时段长)

TR 为河网总入流(m^3/s)。

②河网汇流

新安江三水源模型中用无因次单位线模拟水体从进入河槽到单元出口的河网汇流。在本流域或临近流域,找一个有资料的、面积与单元流域大体相近的流域,分析地面径流单位线,作为初值应用。

计算公式见式 5.44。

$$Q(t) = \sum_{i=1}^{N} UH(i) \times TR(t - i + 1) \quad \text{(式 5.44)}$$

式中: $Q(t)$ 为单元出口处 t 时刻的流量值; UH 为无因次时段单位线; N 为单位线的历时时段数。

流域汇流计算的输入是单元上的地面径流 RS 、壤中流 RSS 、地下径流 RG 及计算开始时刻的单元面积上壤中流流量和地下径流流量值。输出为单元出口的流量过程。

5.3.3.3 模型的参数及率定

(1)参数的物理意义

新安江(三水源)模型的参数一般具有明确的物理意义,可以分为如下 4 类:

①蒸散发参数:K、WUM、WLM、C

K 为蒸散发能力折算系数,是指流域蒸散发能力与实测水面蒸发值之比。此参数控制着总水量平衡,因此对水量计算是重要的。

WUM 为上层蓄水容量，它包括植物截留量。在植被与土壤很好的流域，约为 20 mm；在植被与土壤比较差的流域，为 5 ~ 6 mm。

WLM 为下层蓄水容量。可取 60 ~ 90 mm。

C 为深层蒸散发系数。它决定于深根植物占流域面积的比数，同时也与 WUM + WLM 有关，此值越大，深层蒸散发越困难。一般经验，在江南湿润地区 C 值为0.15 ~ 0.20，而在华北半湿润地区 C 值为 0.09 ~ 0.12。

②产流量参数：WM、B、IMP

WM 为流域蓄水容量，是流域干湿程度的指标。一般分为上层 WUM、下层 WLM 和深层 WDM，为 120 ~ 180 mm。

B 为蓄水容量曲线的方次。它反映流域上蓄水容量分布的不均匀性。一般经验，流域越大，各种地质地形配置越多样，B 值也越大。在山丘区，很小面积的 B 为 0.1 左右，中等面积的 B 为 0.2 ~ 0.3 较大面积的 B 值为 0.3 ~ 0.4。

IMP 为不透水面积占全流域面积之比，一般较小，取为 0.05。

③水源划分参数：SM、EX、KSS、KG

SM 为流域平均自由水蓄水容量，本参数受降雨资料时段均化的影响，当用日为时段长时，一般流域的 SM 值为 10 ~ 50 mm。当所取时段长较少时，SM 要加大，这个参数对地面径流的多少起着决定性作用，因此很重要。

EX 为自由水蓄水容量曲线指数，它表示自由水容量分布不均匀性。通常 EX 取值在 1 ~ 1.5 之间。

KSS 为自由水蓄水库对壤中流的出流系数，KG 为自由水蓄水库对地下径流出流系数，这两个出流系数是并联的，其和代表着自由水出流的快慢。一般来说，KSS + KG = 0.7，相当于从雨止到壤中流止的时间为 3 天。

④汇流参数：KKSS、KKG、CS、L

KKSS 为壤中流水库的消退系数。如无深层壤中流时，KKSS 趋于零。当深层壤中流很丰富时，KKSS 趋于 0.9。相当于汇流时间为 10 天。

KKG 为地下水库的消退系数。如以日为时段长，此值一般为 0.980 ~ 0.998，相当于汇流时间为 50 ~ 500 日。

CS 为河网蓄水消退系数，L 为滞时，它们决定于河网地貌。

(2)参数的率定

新安江(三水源)模型的参数按照物理意义分为 4 层，前面已作了介绍。参数的率定可以按照蒸散发—产流—分水源—汇流的次序进行，各类参数基本上是相互独立的。可按照以下次序率定参数。

①日模型

日模型参数率定按照以下步骤分别进行：

a. 定出各参数的初始值。

b. 比较多年总径流。这是最基本的水量平衡校核。如有误差，要首先修改 K 值，K 是影响蒸发计算最大的参数。

c. 多年总水量基本平衡后，再比较每年的径流，比较很干旱的份与湿润年份有无系统误差。如有应调整 WUM、WLM 和 C。减小 WUM 将使少雨季节的蒸发减少，而对于很干旱的季节则无影响。WLM 的作用与此相仿。加大 C 值将使很干旱的季节的蒸散发增大，而对于有雨季节则无此影响。

d. 比较枯季地下径流。如有系统偏大偏小，则应调整 KSS、KG，调整地下径流、壤中流的比重。

据经验对湿润地区，取连续 4 年资料即可，对半湿润地区可加长到 8 年资料。日模型主要调试确定蒸散发参数和产流参数。

②次洪模型

日模与次模的时段长不同，参数值不全部可以通用，但 K、WM、WUM、WLM、B、IMP、EX、C 与时段长无关，可以通用，SM、KG、KSS、KKG、KKSS 与时段长有关，不可以通用。

调试时通常以洪水总量、洪峰值及峰现时间按允许误差统计合格率，最高为目标函数。调试步骤如下：

a. 比较洪水径流总量。影响计算次洪径流总量的主要因素除降雨外显然是流域初始含水量 W_0，但当已确定的情况下，可通过调整水源的比重来影响计算次洪径流量，可调整 SM 和 KG，两个参数数值越大，地下径流的比重越大，使次洪径流量减少。

b. 比较洪峰值。洪峰流量主要由地面径流和壤中流组成，主要取决于 SM、KKSS、CS 等参数，当 SM 确定后，调整 KKSS 和 CS 等参数，尤其是 CS 对洪峰起着很大的作用。

c. 如果流量过程线出现整体的提前，主要调整 L。

5.3.4 河段洪水演算模型

河段洪水预报要研究和解决上下游断面水文要素在数量变化和传播速度上的预测方法，并为此建立预报方案，其实质是求解河道非恒定渐变流的水文学途径。

常用方法为流量演算法和相应水位(流量)法。流量演算法又分为特征河长法、马斯京根法。

5.3.4.1 特征河长法

(1)特征河长的概念

如果能找到这样一个河长,在其下断面处,由于水位的变化引起的流量变化正好与由于水面比降的变化引起的流量变化相互抵消,以致河段的槽蓄量与其下断面流量呈单值关系,则称其为特征河长。或使其槽蓄量与下断面流量之间呈单值关系的河长。

特征河长的计算公式见式 5.45:

$$l = \frac{Q_0}{i_0}\left(\frac{\partial Z}{\partial Q}\right)_0 \qquad (式 5.45)$$

通过引进特征河长的概念,就可以给出槽蓄曲线三种形式的存在条件:当 L = l 时,为单值关系;当 L < l 时,为顺时针绳套;当 L > l 时,为逆时针绳套。

(2)流量演算方法

①当实际河长 L = l 时

特征河长流量演算法是将河段长度限制为特征河段长,以便利用特征河长具有单值关系槽蓄曲线的特性。若将 $W = f(O)$ 加以简化,以线性方程表示为:$W = \tau O$ 。

演算时若计算时段 Δt 不变,则根据 $O_2 = O_1 + (\bar{I} - O_1)(1 - e^{-\frac{\Delta t}{\tau}})$ 可逐时段地进行计算,从而可以将上游站的入流过程演算为下游站的出流过程。

②分段连续演算法

分段连续演算法最终是利用河段的汇流曲线来进行流量演算,即当河段上游站的入流是简单入流时,经过 n 个特征河长的连续演算,在下游站所形成的出流过程。如果能求出河段的汇流曲线,那么根据线性汇流系统的线性假定,由均匀性原理以及叠加性原理就可以求出任意入流过程所形成的出流过程。

5.3.4.2 马斯京根法

(1)马斯京根演算法基本原理

马斯京根演算法是美国麦卡锡(G. T. McCarthy)于 1938 年在美国马斯京根河上使用的流量演算方法。该法将河段水流圣维南方程组中的连续方程简化为水量平衡方程,把动力方程简化为马斯京根法的河槽蓄泄方程,经过几十年的应用和发展,已形成了许多不同的应用形式。下面介绍主要的演算形式。

该法的基本原理,就是根据入流和初始条件,通过逐时段求解河段的水量平衡方程和槽泄方程,计算出流过程。

在无区间入流情况下,河段某一时段的水量平衡方程为见式 5.46:

$$\frac{1}{2}(I_1 + I_2)\Delta t - \frac{1}{2}(O_1 + O_2)\Delta t = W_2 - W_1 \qquad (式 5.46)$$

I_1 、I_2 分别为时段初、末的河段入流量；O_1 、O_2 分别为时段初、末的河段出流量；W_1 、W_2 分别为时段初、末的河段蓄量。

根据建立蓄泄方程的方法不同，流量演算法可分为马斯京根法、特征河长法等。马斯京根法就是按照马斯京根蓄泄方程建立的流量演算方法。

(2)马斯京根流量演算方程

马斯京根蓄泄方程可见式5.47。

$$W = K[xI + (1 - x)O] = KQ' \quad \text{(式 5.47)}$$

式中：K 为蓄量参数，也是稳定流情况下的河段传播时间；x 称为流量比重因子；Q' 为示储流量。

联立求解，得到马斯京根流量演算公式，见式5.48至式5.50：

$$O_2 = C_0 I_2 + C_1 I_1 + C_2 O_1 \quad \text{(式 5.48)}$$

其中：

$$\begin{cases} C_0 = \dfrac{0.5\Delta t - Kx}{K - Kx + 0.5\Delta t} \\ C_1 = \dfrac{0.5\Delta t + Kx}{K - Kx + 0.5\Delta t} \\ C_2 = \dfrac{K - Kx - 0.5\Delta t}{K - Kx + 0.5\Delta t} \end{cases} \quad \text{(式 5.49)}$$

$$C_0 + C_1 + C_2 = 1 \quad \text{(式 5.50)}$$

式中：C_0 、C_1 和 C_2 为马斯京根洪水演算方法的演算系数，都是 K 、x 和 Δt 的函数。对于某一河段而言，只要确定了 K 、x 和 Δt ，便可求得 C_0 、C_1 和 C_2 。于是，由入流过程 $I(t)$ 和初始条件，通过公式逐时段演算，就可得到出流过程 $O(t)$ 。

马斯京根演算法的参数 C_0 、C_1 和 C_2 ，可以根据上、下游断面的实测流量过程，用最小二乘法计算出。

从式5.49可知，当 $\Delta t < 2Kx$ 时，$C_0 < 0$ ，I_2 对 O_2 是负效应，容易在出流过程线的起涨段出现负流量；但 $\Delta t > 2K - 2Kx$ 时，$C_2 < 0$ ，O_1 对 O_2 是负效应，容易在出流过程线的退水段出现负流量。所以要求 $\Delta t \in [2Kx, 2K - 2Kx]$ 。

(3)马斯京根连续演算法

为了避免出现负出流等不合理现象，保证上、下断面的流量在计算时段内呈线性变化和在任何时刻流量在时段内沿程呈线性变化，一般要求 $\Delta t \approx K$ 。1962年赵人俊教授提出了马斯京根分段连续演算法。将演算河段分成 N 个子河段后，每个子河段参数 K_L 、x_L 与未分河段时的参数 K 、x 的关系见式5.51至式5.52。

$$K_L = \frac{K}{N} \quad \text{（式 5.51）}$$

$$x_L = \frac{1}{2} - \frac{N}{2}(1 - 2x) \quad \text{（式 5.52）}$$

分段连续演算的每段推流公式仍是式 5.50，但其中的系数采用 5.512 和 5.52 来代替。也可以利用马斯京根汇流系数来进行流量演算。

5.3.4.3　相应水位（流量）法

相应水位（流量）是根据天然河道洪水波运动原理，分析洪水波在运动过程中任一水位（相当于水位过程线上任一时刻的水位）自上站传播到下站时的相应水位及其传播速度的变化规律，即研究河段上下游断面相应水位间和水位与传播速度之间的定量规律，建立相应水位间的相关关系，据此进行预报的一种简便方法。

在实际工作中，用相应水位（流量）法预报需要解决两个问题：

下游站水位（流量）的预报和上下游站之间传播时间的预报。要解决第一个问题除如何处理主要影响因素 i_{Δ}、$q_{t+\tau}$ 外，还必须考虑水位流量关系对相应水位的影响，要解决第二个问题必须解决传播时间 τ 的确定。

τ 是相应水位（流量）在河段中的传播时间。它是预报方案的预见期，取决于点波速和河段长。

在实际工作中，常从实测的上、下游站洪水过程线中摘取同位相的特征点（峰、谷、涨落率转折点），计算其在上、下游站先后出现的时间差，作为相应流量的实际传播时间。

对于运动波，可建立相应流量与 τ 的关系。对于扩散波，可以在此关系中加入反映洪水波变形的主要因素为参数，建立三变数的相关图。它的基本形式见式 5.53：

$$\tau = f(Q_{\text{上}t}, i_{\Delta}, q_{t+\tau}) \quad \text{（式 5.53）}$$

当需要预报水位时，同样可以建立上、下游站经验关系，它的基本形式见式 5.54 至式 5.55：

$$Z_{\text{下},t+\tau} = f(Z_{\text{上},t}, i_{\Delta}, q_{t+\tau}) \quad \text{（式 5.54）}$$

$$\tau = f(Z_{\text{上},t}, i_{\Delta}, q_{t+\tau}) \quad \text{（式 5.55）}$$

5.3.5　洪水实时校正模型

实时洪水预报是一种在联机水情测报系统中，使用实时雨、水情及其他有关水文气象信息作为洪水预报模型输入，并不断根据新信息校正或改善原有模型参数，力争预报结果逐步逼近真值的洪水预报。与脱机洪水预报比较,实时洪水预报所使用的信息的质量一般较差。例如:实时洪水预报使用的遥测或报汛资料,一般就不及脱机洪水预报采用的整编水文资料完整、可靠;实时洪水预报采用的流量资料往往由水位流量关系求得,一般也不及脱机洪水预报中使用的实测流量资料精确;在蒸发计算中,脱机洪水预报可采用实测资料,而实时洪水预报因无实测资料可用只得用近似方法估算。此外,在脱机洪水预报中,预见期内的降雨是已知的,但在实时洪水预报中,预见期内的降雨量是未知的,因而两者在处理预见期内降雨时有所不同。

预报总是有误差的,对于实时洪水预报,由于上述种种原因,预报误差更不可忽视。预报误差可表现为系统误差,也可表现为随机误差。因此,在发布实时洪水预报之前,对预报值进行误差实时校正是十分必要的。

通常使用的实时校正方法有卡尔曼滤波法、递推最小二乘法、误差自回归法和自适应算法等。卡尔曼滤波法因对系统的状态变量进行最优估计,既可以达到最小方差,又不损失预见期,是一种比较理想的实时校正方法。在实时洪水预报中可选择作为状态变量的有洪水预报模型的参数、预报对象和预报误差等。卡尔曼滤波实质上是一种线性无偏最小方差估计,可用于任何线性随机系统,并可综合处理模型误差和量测误差。但洪水预报系统通常不是线性随机系统,模型误差和量测误差通常也不是白噪声,这就限制了卡尔曼滤波法在实时校正中的应用。此外,使用此法时外推时段也不宜太长。递推最小二乘法是根据最新输入与输出信息,给现时预报误差一定的权重以校正模型参数来进行实时预报的,属于参数在线识别(也称动态识别),能反映预报时刻的参数状态。该法简单易行,但跟踪实时洪水预报系统的能力不强,灵敏性较差。不过这种动态识别方法是优于现行时不变模型的。误差自回归法是通过对输出的残差系列进行自回归分析,用前推若干个时刻的残差值作为实时校正系统的输入来推求当前时刻的输出误差,达到实时校正的目的的。该法不涉及实时洪水预报模型本身的结构或数学表达式,仅从误差序列着眼进行校正,故可与任何实时洪水预报模型配合。该法有广泛的适应性,其校正效果主要取决于误差序列的自相关性,自相关密切则校正效果好,否则效果较差,而且当预报值与预报误差为同一量级时,实时校正的效果可能会大大下降。自适应算法是指滤波器本身具有自动调整功能、可根据预报过程中模型所出现的偏差自动调整模型达到最优状态的一种算法。该法能细致地考虑噪声统计量的时变特性,是较为完善的滤波方法之一,有较好的发展前景。

应当指出,实时校正方法仅是对实时洪水预报产生的误差进行修正的一种技术方法。提高实时洪水预报精度的关键仍然在于建立一个能确切描述降雨径流形成规律和洪水波运动规律的洪水预报模型和获取精确、可靠的实时水文气象信息。

在横江流域水文预报方案编制和系统研究中，鉴于横江流域资料状况，大多数雨量站无时段雨量资料，雨量资料与流量过程不配套，方案率定的精度尚存在较大问题。目前尚难以解决实时预报校正应用的诸多问题，故在本研究项目中只作实时预报校正模型的适用性探讨，为今后条件成熟时研制开模型作技术准备。

5.3.5.1　卡尔曼滤波法

20 世纪 60 年代，卡尔曼首先提出用一个状态方程和一个量测方程来完整的描述线性动态过程。卡尔曼滤波理论是采用时域法以状态方程为其数学工具，以多变量控制、最优控制与估计以及自适应控制为主要内容。其适用于线性随机理论，提出了平稳与非平稳、线性与非线性、集中与分布、多输入与输出系统相当广泛领域内的一种现代动态系统分析技术。

卡尔曼滤波以系统状态空间模型为分析对象，用一个具有随机初始状态的向量来描述状态随时间的变化规律，称为状态方程。可以假定，这个方程受到某些随机干扰的影响以及描述模型不准确等的干扰，这些干扰称为动态噪声。量测变量与状态变量之间，可以假定有某些函数依赖关系，并可用方程描述，即称量测方程。同时，还存在随机量测误差，这种误差称为量测噪声。

卡尔曼滤波运用现代随机估计理论给出了系统状态的无偏最小方差的递推估计值。如果估计的是系统状态现时刻的值，称为“滤波”；如果是系统状态将来的值，称为“预报”。估计理论已经证明：卡尔曼滤波即是一种最佳线性估计方法。而其递推公式既可以得到滤波估计值，又可以得到误差的方差阵，即可以完成自身的误差分析。

卡尔曼滤波技术中最常用的为“正规卡尔曼滤波技术”，它对模型、观测噪声的统计特性做了一些假定。为了解决实际使用中存在的各种问题，卡尔曼滤波还包含了多种滤波处理技术：如描述非线性系统的推广卡尔曼滤波方法；为解决有色噪声而产生的状态变量扩维法和量测求差法，为克服滤波发散；而采用的渐消记忆滤波、限定记忆滤波、自适应滤波方法等。

卡尔曼滤波为在整个流域面上实现状态量及参数的实时校正提供了技术支持。

但是卡尔曼滤波技术还存在许多的优点及应用难点，卡尔曼滤波是线性无偏最小方差估计，主要有以下几个优点：

可以应用于任何线性随机系统，和预报流域的大小无关，校正能力全面且合理；

可以综合处理模型误差与水文测验误差；

只要满足卡尔曼滤波的条件，可以得到最优估计。但做到这点必须与水文预报有机地结合起来；

卡尔曼滤波推理严密，这是其优点，但也意味着其使用条件较多，故在实际应用上存在以下难点：

模型噪声和量测噪声不为白噪声。从理论上看，似乎考虑有色噪声是必需的，但在有色噪声情形下的线性滤波中，仍然需要引进新的参数。通过数值实验来确定其大小，其本质也是一个率定的过程。对于水文工作者来说，不如仔细率定模型参数来得实际。目前看来，在解决这个问题方面，增加水文站数目效果是最好的；

模型噪声和量测噪声难以统计，且不为常数。很多自适应滤波算法在运算多步后，都会如 Sage 算法一般进入稳态，需要进一步研究解决在线估计模型噪声和量测噪声的方法；

滤波的发散问题。由于数学模型不能正确反映实际物理过程，对模型噪声和量测噪声的统计特性了解不够，使得两者方差却值不合适。加上计算机有限字长使得计算过程中的舍入误差积累过大，导致计算出来的协方差矩阵不正定，甚至不对称，最后使滤波出现反常现象：即尽管协方差矩阵的计算值看上去不断变小，但状态估计值的实际误差取不断增加，以致得到完全不符合实际的结果。出现发散的原因千差万别，误差补偿技术名目繁多。在水文系统上衰减记忆法和增益直接加权法用得较多。它们都体现了误差补偿的基本思想：当系统模型不够好的时候，尽量削减模型的影响，强化对实测资料的依赖。但衰减记忆因子和人工干预增益调节因子的选取都要通过实验来解决。

5.3.5.2　时变参数法

当用线性系统来描述某个动态非严格线性系统时，必然会产生模型误差。由于其参数随时间（或随状态变量）变化，所以采用时变参数就可以减少模型误差。例如马斯京根法采用非线性解的做法，这种实时校正参数的方法是简单而有效的，但是必须具有系统详细的知识和信息才行，比如马法非线性解中求参数用到的水力学知识和实测水位、流量资料。

很多河道汇流具有明显的非线性作用，高水和低水的传播时间甚至会相差一倍，将流量分级，在不同级别设置不同的马法参数，也是时变参数法的一种应用形式。但该法在跨级的地方会发生突变，误差增大，故在水情自动测报系统内不宜采用。

5.3.5.3　实测流量代入法

在 t 时刻，需要预报 $t+T$ 时刻某断面的流量。若能将预报方程写成包含 q 的形式见式 5.56。

$$q_{t+T}=f(q_t/U_t,\theta) \tag{式 5.56}$$

式中：$f(\ )$—表示某种函数；

Ut—输入量；

θ—参数。

若已知流量初值 q 及参数 A，对一组给定的输入，就可以对未来的流量进行“预报”。

如果在每一个新的预报时间点 t，通过遥测获得实时流量 qt，只要将实测值 qt 代入式中取代 qt，即可达到实时校正的目的。

自回归滑动平均模型和单一马斯京根法都可以用此方法进行实时校正。但此方法比较原始，校正能力并不强，且大多数预报模型不能写成该式的形式。

5.3.5.4　误差预测法

预报模型误差序列都呈现一定的规律。其误差可分为偶然性误差和连续性误差。前者正负相间、有大有小，没有什么规律；后者，正值或负值都会连续出现。对于这种误差序列，建立合适的误差随机模型就可以进行误差预测。

自回归模型（AR 模型）就是一种合适的模型。

$$\eta_t=\phi_1\eta_{t-1}+\phi_2\eta_{t-2}+\cdots\cdots+\phi_p\eta_{t-p}+\alpha_t \tag{式 5.57}$$

式中：η—预报误差。

模型参数仅可采用在线动态识别法算出，如最小二乘估计。将预测出的预报误差修正在预报值上就达到了实时校正的目的。此法将误差与预报模型完全独立，非常通用，可以确保有一个时段的预见期。

5.3.6　预报实例

5.3.6.1　上沙兰站降雨径流预报方案

禾水是赣江中游最大支流，又分禾水和泸水两大支流，以禾水为干流，合称禾泸水。禾水发源于湘赣边境的武功山南麓，流经莲花、井冈山、永新、吉安、吉州等县（区、市），于吉州区的神岗山赣江左岸汇入赣江。流域呈扇状，流域面积 9103 km^2，主河长 225 km，河道总比降 0.59‰，平均坡度 0.05 m/km^2，形状系数 0.87。禾水上游为山区，多高山，中游为丘陵间有盆地，下游多为平原。植被上游较好，多杉树及竹类，中下游有少量乔木、灌木和杂草，植被较差。流域内多黏土，河床多为岩石、卵石和粗细沙组成，沿河多冲积台地。

上沙兰水文站位于禾水下游的吉安县永阳镇上沙兰村，即东经 114°48′，北纬 26°56′。集水面积 5257 km²，警戒水位 59.5 m。$Z_{黄海} = Z_{吴淞} - 1.342$。该站 1947 年 10 月设立为永阳水位站，断面位于永阳镇，1949 年 3 月停测，1952 年 5 月恢复并下迁约 5 km至上沙兰村，并改为永阳三等水文站，1957 年 1 月更名为上沙兰水文站，1978 年 1 月基本水尺断面上迁 55.4 m，与自记水位计位置重合，并改为上沙兰(二)站。2000 年为建自动化缆道，断面又上迁 73.8 m。该站测验河段顺直，断面上游约 3000 m 处有牛吼江汇入，下游约 270 m 处有一长约 500 m，宽约 80 m，高程为 55.60 m 的沙洲。右岸地势较低，水位在 59.5 m 以上开始漫滩，最大漫滩宽约 200 m，水位在 58.0 m 以上右岸有串沟。河底较稳定，左边为岩石河床，右边为卵石、细砂，稍有冲淤，水位流量关系较稳定。历年实测最高水位 62.58 m，最大流量 4400 m³/s，发生于 1982 年 6 月 18 日，历史调查洪水以 1899 年的 62.60 m 为最高，相应流量 4110 m³/s。多年平均径流深 855.3 mm，相应径流量 42.94×10^8 m³/s。

本流域内建有南车大型水库 1 座，集水面积为 459 km²，装机容量 12800 kW，总库容 1.53×10^8 m³。另外还建有枫渡等 11 座中型水库，大、中型水库共控制集水面积约占流域总面积的 31.5%，这些水库(特别是南车和枫渡水库)的蓄放水对本站洪水预报将产生一定影响。

(1)方案说明

雨量站的采用 1961—2016 年洪水资料。流域平均降雨量的计算用算术平均法求得。

本方案 1 m＝85 mm，K＝0.85，前期土壤含水量 $P_{a,t+1} = K(P_{a,t} + P_t)$，有效降水开始时的土壤含水量 $P_{a,t} + \Delta t = P_{a,t}(1 - \Delta t \times 0.15/4) + k \times P$。次洪水径流深采用综合退水曲线分割计算。基流(深层地下水)经分析取 10 m³/s，产流方案采用 $P \sim Pa \sim R$ 相关图形式。汇流采用 6 h 经验单位线，经验单位线是从历史资料中选择若干次较大且孤立洪水分析而得。

(2)方案评定

根据《水文情报预报规范》(GB/T 22482—2008)规定进行评定，产流方案预报合格率为 84.1%；6 h 单位线汇流洪峰流量及洪峰时间的预报合格率为 68.4% 和 63.2%，产流为乙等方案，汇流为丙等方案见图 5.9 至图 5.10。

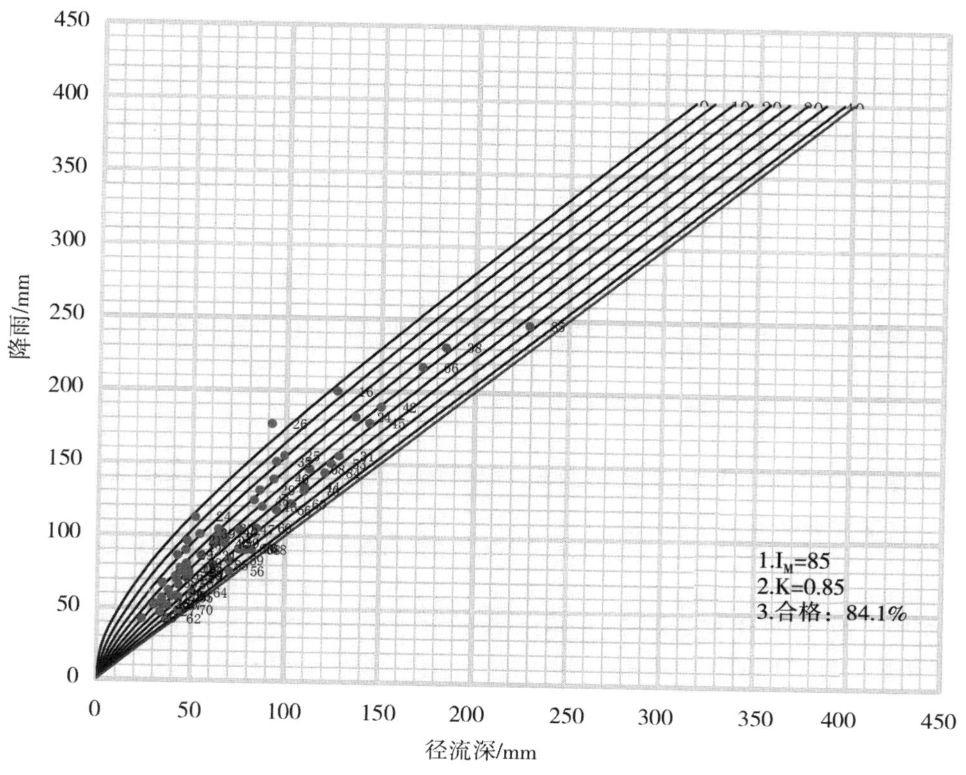

图5.9　禾水上沙兰站降雨径流相关图

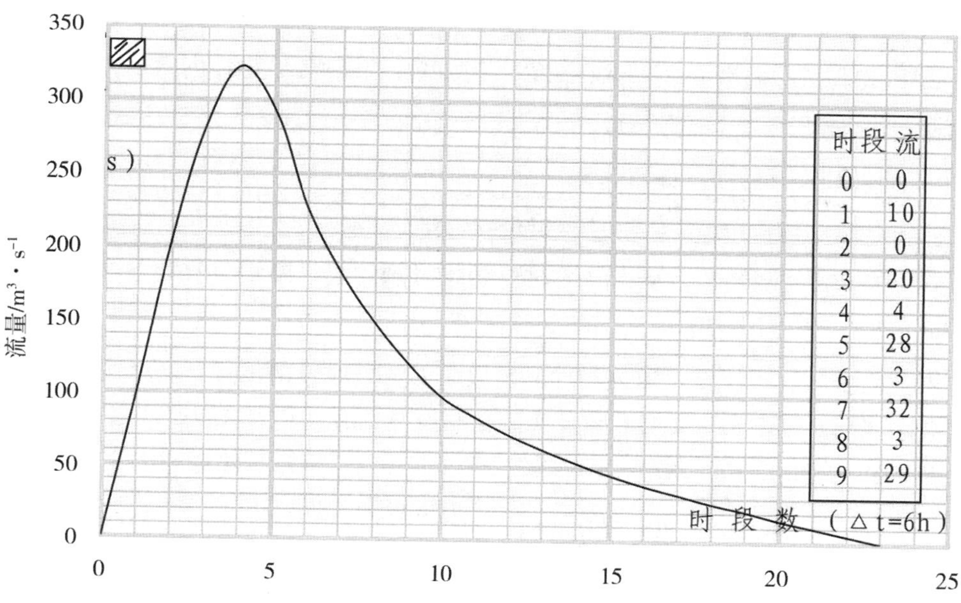

图5.10　禾水上沙兰站六小时单位线

5.3.6.2 上沙兰站新安江模型预报方案

(1)方案说明

预报方案设置1个计算区域,产汇流模型分别采用蓄满产流模型(SMS_3)和滞后演算模型(LAG_3),各雨量站控制权重采用泰森多边形法进行划分。方案计算步长为6 h,方案输出类型为流量。

蒸发资料:选用上沙兰站多年平均逐月蒸发资料。

本站新安江模型预报方案所有参数经率定得出,经过近几年的实际运用及参数修正,各参数适用性较好。

(2)方案检验与评定

方案评定:洪峰流量合格率76.9%,峰现时间合格率为92.3%,洪水确定性系数为0.819,水量平衡系数为0.017。

5.4 山洪现代预警预报技术

5.4.1 经验公式法进行产流计算

产流方案采用经验公式法,经验公式如式5.58:

对于 Pa 的取值:

$$P_{a,t+1} = K(P_{a,t} + P_t) \quad \text{(式 5.58)}$$

式中:K 为折减系数,取值为0.85,$P_{a,t+1}$为当日流域平均前雨,$P_{a,t}$为前日流域平均前雨,P_t为前日流域累计面降雨量。

对于时段净雨值计算见式5.59:

$$R = P - (Im - Pa)(1 - e^{-\frac{P}{Im}}) \quad \text{(式 5.59)}$$

式中:R 为径流深;P 为从当日8时至预报时刻的累计降雨量;Im 为初损值(本系统一取0.85);Pa 为当日8时的前期影响雨量。

因为该经验公式计算 P 值为累计降雨量而不是时段降雨量,所以在计算时段降雨量时要用当前时刻至当日8时的累计降雨量与前一个时刻至当日8时的累计降雨量进行求差计算,即见式5.60至式5.62:

$$R_t = P_t - (Im - Pa)(1 - e^{-\frac{P_t}{Im}}) \quad \text{(式 5.60)}$$

$$R_{t+1} = P_{t+1} - (Im - Pa)(1 - e^{-\frac{P_{t+1}}{Im}}) \quad \text{(式 5.61)}$$

$$R_{t\sim t+1} = (R_{t+1} - R_t) \quad \text{(式 5.62)}$$

式中: $R_{t\sim t+1}$ 为 t ~ t+1 时刻产生的净雨值, R_{t+1} 为从当日8时至 t+1 时刻的累计

净雨值；R_t 为从当日 8 时至 t 时刻的累计净雨值。

5.4.2 地貌单位线法进行汇流计算

(1)地貌单位线是结合 GIS 对控制流域 DEM30 m 高程图进行填注、流向分析、流量统计、河网识别、河网分级、流域网格划分等步骤处理后,构建地貌瞬时单位线。

当一个单位体积的净雨在瞬间均匀地降落在流域上,随后在流域的出口处形成了一条累积出流过程 $V(t)$,如图 5.11 至图 5.12 所示。对 $V(t)$ 求导即得流域的瞬时单位线。

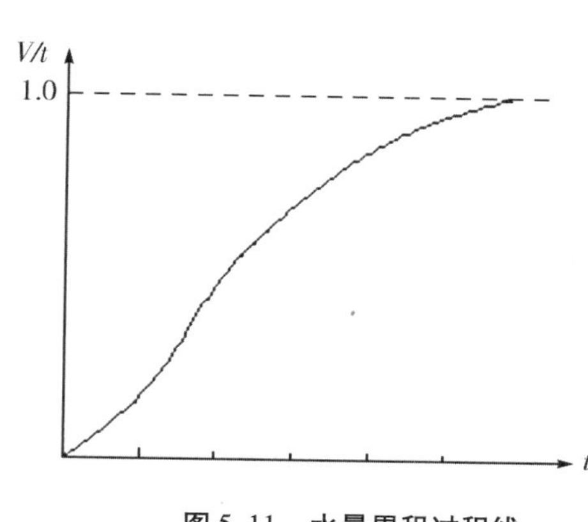

图 5.11 水量累积过程线

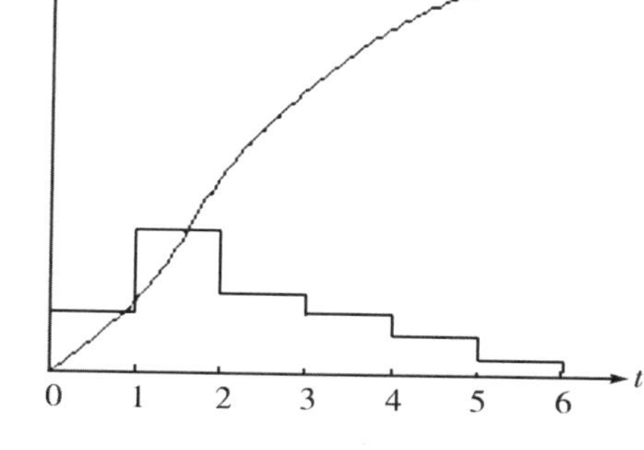

图 5.12 汇流时间概率分布曲线

(2)采用地貌单位线方法,确定流域平均汇流速度是关键,选用河海大学根据长江流域 190 个 50 km² ~500 km² 区域降雨汇流资料率定的流域平均汇流经验公式,公式如式 5.63:

$$V_0 = e^{\left[0.755 \times \left(\frac{A}{L_n^2}\right) - 0.139\right]} \qquad \text{(式 5.63)}$$

V_0 = 最优流速(m^3/s)　　A = 流域面积(km^2)　　L_n = n 级河长(km)

(3)地貌瞬时单位线公式

采用地貌瞬时单位线公式进行计算,公式如式 5.64 至式 5.67:

$$G_{GIUH}(t) = \left(\frac{t}{k}\right)^{a-1} \frac{e^{-t/k}}{k\gamma(a)} \qquad \text{(式 5.64)}$$

$$a = 3.29 \left(\frac{R_B}{R_A}\right)^{0.78} R_L^{0.07} \qquad \text{(式 5.65)}$$

$$k = 0.70 \left(\frac{R_A}{R_B R_L}\right)^{0.48} \frac{L_\Omega}{v} \qquad \text{(式 5.66)}$$

5.4.3 参数移植方法进行洪水预报

由于流域范围内的实测降雨数据是存在的,因此在编制洪水预报方案时,可以采用参数移植的方式。产流参数基于邻近有资料的站点所编制预报方案的三水源蓄满产流模型参数，汇流采用地貌单位线。

5.4.4 预报实例

林坑站（62307550）位于长江流域赣江水系蜀水上，坐落于江西万安县高陂镇，经度114°36′，纬度26°40′，流域集水面积994 km^2。本站于1956年8月设为林坑水位站，1957年1月改为水文站，为蜀水控制站，距河口47 km。测验河段顺直，下约100 m处有一浅滩，枯水期能起控制作用。河床右岸为岩石，左岸为卵石，河床稳定，河段右岸为陡山，左岸为农田，高水时左岸漫滩20 m。

该站为假定基面，黄海与假定基面换算关系为Z黄海＝Z假定＋8.774。警戒水位为86.00 m，实测历史最高水位为89.32 m，发生于2002年6月16日实测历史最大量1480 m^3/s，发生于1977年5月29日。调查历史最高水位90.19 m，发生于1918年。

林坑站具有1981年以来历史整编资料，1997年开始记录实时报汛流量资料，可以采用新安江流域模型编制洪水预报方案。区间产汇流模型分别采用蓄满产流（SMS_3）和滞后演算模型（LAG_3）；各雨量站控制权重采用泰森多边法进行划分。方案计算步长为1 h，方案输出类型为流量（模型计算结果为流量，水位通过流量曲线进行转换而得）。

产汇流模型分别采用蓄满产流模型（SMS_3）和滞后演算模型（LAG_3），各雨量站控制权重采用泰森多边形法进行划分。计算步长为1 h。

按《水文情报预报规范》GB/T22482—2008规定进行评定，由参数率定结果可知，洪峰合格率70%，峰现时间合格率70%，洪水率定期确定性系数为0.75，率定后参数都在合理范围之内，场次洪水洪峰的模拟精度较好，峰现时间与实际过程模拟精度一般。方案达到了乙级方案。

5.5 湖库（水库）现代预警预报技术

5.5.1 有流量资料水库的洪水预报

有资料站点采用新安江三水源流域产流模型、滞后演算流域汇流模型和马斯京根河道演算模型，编制洪水预报方案。充分利用现有水文站网的河道水文监测信息，提高洪水预报精度。

充分利用雨量监测信息，准确反映雨量分布情况，确保面雨量计算精度。建模资料尽量选用历时大洪水年份，确保所建方案对大洪水模拟能力。水文模型蒸发信息采用流域内或相邻代表蒸发站多年平均蒸发量。

方案评定采用确定性系数为综合评定指标，兼顾洪峰误差、峰现时间等指标。实时作业预报要充分发挥预报员的经验，交互调整预报成果。

5.5.2　无流量资料预报方案编制

选用地貌单位线法，对无资料地区进行汇流计算；选用流域概况相同的临近流域用参数移植方法进行方案编制。

5.5.3　预报实例

5.5.3.1　白云山水库洪水预报

白云山水库位于赣江水系孤江支流富田水上，控制流域面积 464 km^2，流域地处吉安市东南部。上游承接兴国县枫边河，于青原区东固畲族乡进入吉安市境内，顺富田水河道汇入白云山水库。流域汇集枫边水、东固水、大湖水等支流，地理位置坐标分布介于东经 1150°18′ ~ 115°32′，北纬 26°33′ ~ 26°50′，境内控制河长 35.63 km。

白云山水库流域属亚热带湿润季风气候区，多年平均气温 11.6 ℃，一般年份夏热多雨，冬旱少雪，春旱多风，秋旱少雨；多年平均降水量 1579.4 mm，年内降水主要集中在 3 ~ 9 月，多年 3 ~ 9 月降水量为 1193.3 mm，约占全年总降水量的 75.6%，汛期降水主要集中在 5 ~ 7 月。年蒸发量为 642.5 mm，主要集中在 5 ~ 10 月，占总蒸发量的 67.51%。

白云山水库兴建于 1969 年 10 月，1980 年 12 月建成蓄水，位于长江流域赣江水系富田水上，坐落于青原区富田镇文山社区 12 号，东经 115°19′，北纬 26°48′，于 2012—2015 年进行了除险加固工程；控制流域面积 464 km^2，多年均径流量 4.06 亿 m^3；设计总库容 11400 万 m^3，兴利库容 7727 万 m^3，防洪库容 4120 万 m^3，死库容 1280 万 m^3，是一座以防洪、灌溉、发电等功能为主的浆砌石重力坝型大(2)型水库。

水库现状的防洪标准按 100 年一遇洪水设计，1000 年一遇洪水进行校核，设计最高水位 181.14 m，校核洪水位 182.82 m；设计洪峰流量 1730 m^3/s，设计洪水总量 1.27 亿 m^3，校核设计洪水总量 1.84 亿 m^3，正常蓄水位 180m，兴利库容 7727 万 m^3，防洪库容 4120 万 m^3，汛限水位主汛 179.50 m，后汛 180.0 m，死库容 1280 万 m^3，死水位 162 m。

水库枢纽主要包括大坝(分主坝和副坝)、溢洪道、输水洞等。其中大坝为浆砌块石重力坝，其中主坝长 91.5 m，坝顶高程 185 m，最大坝高 48 m，顶宽 4 m；副坝长 36 m，坝顶高程 184 m，最大坝高 10 m，顶宽 8 m。溢洪道为卷扬式弧形钢闸门，堰顶高程为 174 m，堰顶净宽为 36 m，设有 3 孔 6.4 m × 12 m 平板闸门，最大泄量为 1900 m^3/s；输水洞为钢筋混凝土圆形有压隧洞，进/出口底高程为 153 m，断面尺寸为 4 m，设有 1 台 4.05 m×3.9 m 平板钢闸门，最大流量为 31.6 m^3/s。

水库下游有白云山二级发电站及三级发电站，且距赣江河口 54 km，主要乡镇有富田、新圩、文陂和值夏。洪灾主要集中在富田镇新安一带，云楼距二级电站约 20 km，从坪田至黄塘边 8.7 km，沿河两岸有下厅、中州、高庄、山中、炉下、黄塘边等村庄。

采用经验公式法进行水库流域产流计算，采用地貌单位线法进行流域汇流计算。

预报方案设置 1 个计算区域，各雨量站控制权重采用泰森多边形法进行划分。

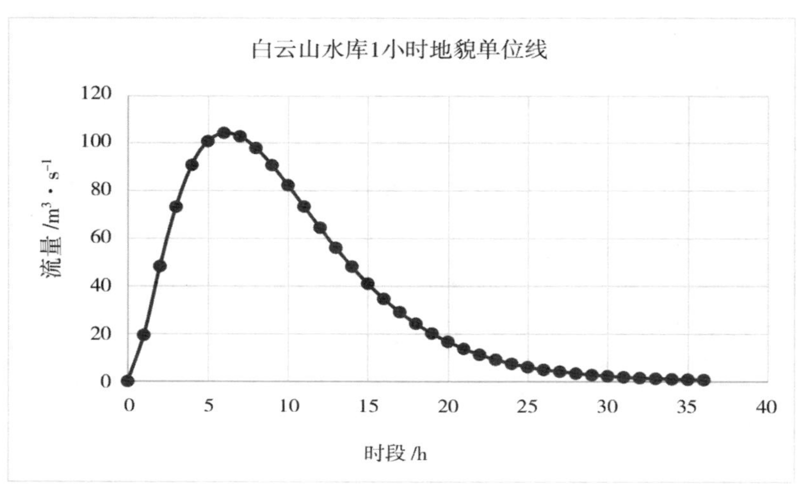

图 5.13　白云山水库 10 mm 单位线

预报方案洪量合格率较高为 90%，方案估报较为准确，率定后的参数都在合理范围内。

5.5.3.2　银湾桥水库洪水预报

银湾桥水库位于赣江水系文石河上，控制流域面积 37.4 km^2，流域地处吉安市吉安县中部，上游承接银湾桥、文石水等支流，经银湾桥水汇出最终流向文石河。地理位置坐标分布介于东经 114°50′～114°51′，北纬 27°14′～27°15′，控制河长 11.37 km。

银湾桥水库流域属亚热带湿润季风气候区，多年平均气温 11.6 ℃，一般年份夏热多雨，冬旱少雪，春旱多风，秋旱少雨；多年平均降水量 1475.2 mm，年内降水主要集中在 3～8 月份，多年平均 3～8 月份降水量为 1074.4 mm，约占全年总降水量的 72.8%，汛期降水主要集中在 5～7 三个月。年蒸发量为 718.9 mm，主要集中在 5～10 月份，占总蒸发量的 69.9%。

银湾桥水库兴建于 2008 年，2009 年建成蓄水，位于长江流域赣江水系文石河上，坐落于吉安县固江镇长水村，东经 114.836481，北纬 27.23914；控制流域面积

37.4 km^2，分布多年均径流量 2887 万 m^3；设计总库容 2760 万 m^3，兴利库容 1828 万 m^3，死库容 82 万 m^3，是一座以防洪、发电等功能为主的坝型为砼心墙土的中型水库。

水库现状的防洪标准按 100 年一遇洪水设计，1000 年一遇洪水进行校核，设计最高水位 94.74 m，校核洪水位 95.83 m；设计洪峰流量 107.8 m^3/s，设计洪水总量 931.4 万 m^3，校核设计洪水总量 2496.9 万 m^3，正常蓄水位 93.56 m，兴利库容 1828 万 m^3，汛限水位 93.56 m，死库容 82 万 m^3，死水位 84.06 m。

水库枢纽主要包括大坝、溢洪道、输水洞等。其中大坝为砼心墙土坝，其中坝顶长 664 m，坝顶高程 98.5 m，最大坝高 21.5 m，顶宽 5 m。溢洪道为开敞式自流堰，堰顶高程为 93.56 m，堰顶净宽为 50 m，最大泄量为 289 m^3/s；输水洞为钢筋砼圆管，进/出口底高程为 84.06 m，断面尺寸为 1.5 m，设有 1 台 2 m×2 m 铸钢闸门，最大流量为 13 m^3/s，洞长 134 m。

银湾桥水库溢洪道下游距龙岗河约 3.5 km 末端汇入赣江，沿途主要有张家、合田、黄塘等村委会。泄洪对下游防洪效益不大，仅为枢纽安全调洪。经分析论证与实际观测，下游河段安全泄量为 1400 m^3/s。

水库上游流域面积较小，无法根据地形地貌提出地貌单位线，采用新安江模型预报。

产汇流模型分别采用蓄满产流模型和滞后演算模型，各雨量站控制权重采用泰森多边形法进行划分。方案计算步长为 1 h，方案输出类型为流量。

银湾桥水库站位于江西省吉安县，与其临近的赛塘站为有资料站点，所建立的新安江模型预报方案为乙级。故通过移植该水文站模型参数，建立银湾桥水库站的新安江模型预报方案。

第 6 章　洪涝过程现代调度技术

6.1　洪涝调度目的和任务

社会经济的发展对流域防洪减灾的需求日益增加,流域防洪工程规模逐步扩大,防洪工程体系逐步完善。防洪调度是利用水库等防洪工程的调蓄作用和控制能力,有计划地控制调节洪水,达到减少洪水灾害和损失的目的。当前各大流域梯级水库群相继建成,防洪调度具有多区域防洪、多水库协同、长距离河道演进等复杂特征。水库群防洪调度在防洪减灾中发挥着重要作用,防洪优化调度模型的建立和模型求解算法是流域防洪调度的核心内容。

城市建设改变了土地利用状况和产汇流规律,不透水和伪透水面积大量增加,挤压了洪水调蓄空间,破坏了原排水格局,地下水减少和蓄水能力降低。城市建设工程重构了城市下垫面和水系空间,对于洪涝调度而言,一些工程改变了下垫面,带来了产汇流参数变化;另一方面河道间及河湖连通工程改变了洪水可选择路径,增加的蓄水工程和泵站外排工程提高了预泄空间。因此需要科学分析产汇流参数变化、洪水路径、预泄时间等,合理安排削峰、错峰,实现洪涝调度。开展城市洪涝优化调度工作的目的和任务就是系统又高效地发挥工程对洪水的削减、转输、调蓄等功能,达到有效消除或减轻城市雨洪灾害目的,形成科学的调度决策和方案。从水文水力关系视角看,城市水系统拓扑结构从单纯的树状结构变为复杂的网络结构,常规调度模型比较难以适用,复杂网络结构优化模型成为城市雨水系统优化调度数学模型研究的新趋势。但复杂网络结构水资源系统优化调度模型中环状节点多,变量相互联系相互影响。约束条件呈几何级数增加,寻求有效的求解方法也是复杂模型优化问题的研究趋势。

6.2　现代优化理论和方法

6.2.1　概述

流域防洪调度和城市洪涝调度的数学模型都是有约束的优化模型，求解的优化算法可以粗略地分为两类：精确算法和启发式算法。精确算法一般又称为确定性算法、数学规划方法等。数学规划方法是运筹学的重要分支，主要包括线性规划、非线性规划及动态规划等方法。启发式方法基于设计者的经验和判断，从与其有关的模型和方法中找到联系，从中得到启发，发现解决问题的方法和途径。启发式算法的重要分支——元启发式算法，通常又称为智能算法。

数学规划方法的主要优势是具备数学理论基础，能够在确定的时间内得到确定的解；主要缺点是对非线性约束和特殊约束条件的处理存在困难。在使用时一般需要构建严格的数学模型，而且不同的数学规划方法有其严格的适用条件，为此在构建模型时往往需要做各种近似处理，导致与原问题存在一定偏差。尽管对线性模型本身而言，可以得到全局最优解，但是这并非原问题的理论最优解，二者的接近程度取决于线性处理方法的精度。因此线性处理方法会对原问题的寻优产生影响，一般需要辅以适当的修正策略。

智能算法在处理难以显性表达的问题上有明显优势，不受限于目标函数和约束条件的形式和数学特性。当寻求问题的最优解变得不可能或者很难完成时，启发式策略就是一个高效地获得可行解的办法，智能算法常能在合理时间发现很不错的解。智能算法的设计和改进研究一般集中在算法的随机搜索能力和收敛速度。基于随机搜索策略的智能算法具有无可比拟的灵活性，在应用上几乎不受限制。然而绝大多数的智能算法都较容易陷入局部最优，且存在计算结果不稳定的问题。现有的研究主要是通过改进随机搜索策略避免过早陷入局部最优和提高收敛的稳定性。目前智能算法种类繁多，新的算法不断涌现，但是对智能算法基本原理的研究存在欠缺，如何从根本上解决算法早熟的问题，究竟能够以多大的概率获得相应程度的解仍有待研究。

从方法的实用性和最优性出发，本节主要介绍混合整数规划和非线性规划方法。

6.2.2　混合整数规划

混合整数规划问题可同时包含整数和连续变量。如果该问题包含不带二次项的目标函数（线性目标），那么称为混合整数线性规划。如果目标函数中存在二次项，那么该问题称为混合整数二次规划。如果模型具有任何包含二次项的约束，那么该问题将称为混合整数二次约束规划,而与目标函数无关。

整数变量可以限制为值0和1,在这种情况下,它们称为二元变量。它们也可以具有任何整数值,在这种情况下,它们称为一般整数变量。如果任何MIP中的变量既可以具有值0,也可以具有介于下限与上限之间的值,那么称为半连续变量。限制为整数值的半连续变量称为半整数变量。

分支定界法和割平面法是基本求解的方法。预处理步骤旨在消除冗余变量和约束,改善模型的尺度和约束矩阵的稀疏性,加强变量的边界,检测模型的原始和对偶不可行性。在混合整数规划预处理期间确定是否有以下情形:此问题不可行;有些边界可以收紧;有些不等式是冗余的,因此可以忽略或删除;一些不等式可以得到加强;一些整数变量可以固定。

分支定界方法构造一系列子问题。子问题给出关于解的一系列上界和下界。第一个上界是任何可行解,第一个下界是松弛问题的解。

线性规划松弛问题的任何解具有更低的目标函数值。在这种情况下,节点是具有以下特征:它具有与原始问题相同的目标函数、边界和线性约束,但没有整数约束,并对线性约束或边界作出特定改变。根节点是没有整数约束且线性约束或边界也不发生变化的原始问题。

割平面是添加到模型的约束,用于限制(裁剪)原本是连续松弛的解的非整数解。添加割平面通常会减少求解所需的分支数。割平面在根节点处最为常用,但也可以在其他节点处添加割平面以用作条件保证。全局割平面是对分支定界树的所有节点都有效(即使分析特定节点期间找到该全局割平面也是如此)的割平面。局部割平面是仅对特定节点及其所有后代节点有效的割平面。每次添加割平面时,都会重新优化子问题。重复在节点处添加割平面的过程,直至找不到更多有效割平面为止。然后,为子问题选择分支变量。

以下是实现分支裁剪的方式的一般描述。在分支裁剪算法中,将求解一系列的连续子问题。为了有效地管理这些子问题,将构建一棵树,每个子问题都是其中的节点。如果该松弛的解有一个或多个小数变量,尝试查找割平面。割平面是约束,它们裁剪掉该松弛的包含小数解的可行区域。在尝试添加割平面之后,如果该松弛的解仍有一个或多个具有小数值的整数变量,那么按小数变量进行分支,以生成两个新的子问题,这两个子问题在该分支变量上都有限制性更强的界限。例如,对于二元变量,一个节点将该变量固定于0,另一个将其固定于1。子问题可能会生成全整数解、不可行解或另一个小数解。对于小数解,重复以上过程。

在分支裁剪法算法期间,可以定期应用试探,尝试从可用信息计算整数解法。例如,当前节点松弛的解法。此活动不会替换分支步骤,但是与分支相比,某些时候能够更快地低成本查找新的可行解法,并且以此方式找到的解法将按照与任何其他可行的解法相同的方式进行处理。在树的区间内,也可能会将超过根节点上计算值的新的割平面添加到问题。分支裁剪法算法找到整数解之后,将执行下列操作:使该整数解成为现任解,并使该节点成为现任解节点;使该节点处目标函数的值(由目标差参数修改)成为新的分界值;从树中修剪目标函数值并非优于现任解的所有子问题。

特殊有序集是一种在模型中指定整数性条件的方式。需要特别说明的是,特殊有序集是一限制模型中的一组指定变量的非零解值数的方式。常用的特殊有序集包括:第1类特殊有序集是其中最多一个变量可以非零的变量集。第2类是其中最多两个变量可以非零的变量集,如果两个变量非零,那么这两个变量在该集合中必须相邻。

特殊有序集的各个成员可以是连续变量与离散变量的任何组合。但是,即使所有成员本身为连续的,包含一个或多个特殊有序集的模型也将变为一个离散优化问题,并且此问题需要对它的解使用混合整数优化器。

6.2.3　非线性规划

6.2.3.1　信赖域反射算法

信赖域是一个简单而功能强大的优化概念。要理解信赖域优化方法,请考虑无约束最小化问题,最小化$f(x)$,该函数接受向量参数并返回标量。假设现在位于n维空间中的点x处,并且要寻求改进,即移至函数值较低的点。基本思路是用较简单的函数q来逼近f,该函数需能充分反映函数f在点x的邻域N中的行为。此邻域是信赖域。试探步s是通过在N上进行最小化(或近似最小化)来计算的。如果$f(x+s)<f(x)$,当前点更新为$x+s$;否则,当前点保持不变,信赖域N缩小,算法再次计算试探步。在定义特定信赖域方法以最小化$f(x)$的过程中,关键问题是如何选择和计算逼近q(在当前点x上定义)、如何选择和修改信赖域N以及如何准确求解信赖域子问题。在标准信赖域方法中,二次逼近q由F在x处的泰勒逼近的前两项定义;邻域N通常是球形或椭圆形。基于信赖域的无约束最小化的大致框架如下:①构造二维信赖域子问题;②确定试探步s;③如果$f(x+s)<f(x)$,则$x=x+s$;④调整信赖域维度Δ。重复这四个步骤,直到收敛。信赖域维度Δ根据标准规则进行调整。具体来说,它会在试探步不被接受[即$f(x+s)\geq f(x)$]时减小。

6.2.3.2　活动集(active-set)算法

在约束优化中,一般目标是将问题转换为更容易的子问题,然后对子问题求解并将其用作迭代过程的基础。一大类早期方法的特点是通过对约束边界附近或之外的约束使用罚函数法,从而将约束问题转换为基本的无约束问题。通过这种方式,使用参数化的无约束优化的序列来求解约束问题,这些优化在(序列的)极限内收敛于约束问题。这些方法现在认为是相对低效的,已被重点求解 Karush – Kuhn – Tucker(KKT)方程的方法所取代。KKT 方程是约束优化问题的最优性的必要条件。如果问题是所谓的凸规划问题,则 KKT 方程对于全局解点既必要又充分。Kuhn – Tucker 方程可表述为式 6.1至式 6.3:

$$\nabla f(x^*) + \sum_{i=1}^{m}\lambda_i \cdot \nabla G_i(x^*) = 0 \quad (式6.1)$$

$$\lambda_i \cdot G_i(x^*) = 0, \quad i = 1, \cdots, m_e \quad (式6.2)$$

$$\lambda_i \geqslant 0, \quad i = m_e + 1, \cdots, m \quad (式6.3)$$

第一个方程说明取消在解点处目标函数和活动约束之间的梯度。对于要取消的梯度,拉格朗日乘数(λ_i, i = 1…m)是平衡目标函数和约束梯度的模偏差的必要条件。由于该取消操作仅包含活动约束,不活动约束不能包含在该操作中,因此给定的拉格朗日乘数等于 0。这在最后两个 Kuhn – Tucker 方程中以隐式表述。

KKT 方程的解构成许多非线性规划算法的基础。这些算法尝试直接计算拉格朗日乘数。约束拟牛顿法通过使用拟牛顿更新过程累积关于 KKT 方程的二阶信息来保证超线性收敛。这些方法通常称为序列二次规划方法,因为每个主迭代都求解一个子问题。(也称为迭代二次规划、递归二次规划或约束变量度量法)

序列二次规划方法呈现了非线性规划方法的最新进展,该方法允许在处理约束优化问题时高度模拟牛顿法,就像在处理无约束优化问题时一样。在每个主迭代中,使用拟牛顿更新方法逼近拉格朗日函数的 Hessian 矩阵。然后使用该矩阵生成子问题,其解构成线搜索过程的搜索方向。核心思路是基于拉格朗日函数的二次逼近来构造问题见式 6.4。

$$L(x,\lambda) = f(x) + \sum_{i=1}^{m}\lambda_i \cdot g_i(x) \quad (式6.4)$$

在这里,假设边界约束已表示为不等式约束,通过线性化非线性约束,可以得到子问题。。步长参数 α_k 由适当的线搜索过程确定,以便在评价函数中获得充分的降幅。

使用序列二次规划方法时,相比无约束问题,非线性约束问题通常可以用更少的迭代次数完成求解。其中一个原因是,由于可行区域的限制,优化器可以就搜索方向和步长做出明智的决定。

6.2.3.3 序列二次规划方法

序列二次规划方法与 active – set 算法类似,SQP 和 active – set 算法之间重要的区别如下：

（1）关于边界的严格可行性

序列二次规划方法在受边界约束的区域内执行每个迭代步。此外，有限差分步也遵守边界。边界并不严格；步可以正好位于边界上。当目标函数或非线性约束函数在受边界约束的区域之外未定义或者为复数时，这种严格的可行性是有益的。

（2）非双精度值结果的稳健性

在迭代过程中，序列二次规划方法尝试采用的步可能失败。这意味着提供的目标函数或非线性约束函数将返回值 Inf、NaN 或复数值。在这种情况下，算法尝试采用较小的步。

（3）重构线性代数例程

序列二次规划方法使用一组不同的线性代数例程来求解二次规划子问题。这些例程在内存使用量和速度方面都比 active - set 例程更高效。

（4）重新表示可行性例程

当不满足约束时，序列二次规划方法有两种新方法来求解子问题。

①序列二次规划方法将目标函数和约束函数合并为一个评价函数。该算法尝试在松弛约束下最小化评价函数。求解修正后的问题可以得到一个可行解。然而，这种方法相比原问题增加了变量，因此问题的规模增大。增大的规模会减慢子问题的求解。

②假设不满足非线性约束，并且尝试采用的步导致约束违反增加。序列二次规划方法尝试使用约束的二阶逼近来获得可行性。通过二阶方法可以获得一个可行解。然而，这种方法需要对非线性约束函数进行更多计算，因此会降低求解速度。

6.2.3.4　内点算法

使用内点法求解约束最小化问题，相当于求解一系列近似最小化问题。初始问题是见式 6.5。

$$\min f(x), \text{subject to } h(x) = 0 \text{ and } g(x) \leq 0 \qquad (\text{式 } 6.5)$$

对于每个 $\mu > 0$，逼近问题是见式 6.6。

$$\min_{x,s} f_\mu(x,s) = \min_{x,s} f(x) - \mu \sum_i \ln(s_i), \text{ subject to } s \geq 0, h(x) = 0, \text{ and } g(x) + s = 0 \qquad (\text{式 } 6.6)$$

松弛变量 s_i 的数目和不等式约束 g 的数目一样多。s_i 被限制为正，以将迭代保持在可行域的内部。随着 μ 降至零，f_μ 的最小值应接近 f 的最小值。增加的对数项称为障碍函数。逼近问题是一系列等式约束问题，这些问题比原来的不等式约束问题更容易求解。

要使逼近问题接近原始问题,障碍参数 μ 需要随着迭代次数的增加逐渐降低至 0。为了防止障碍参数下降过快,从而可能导致算法不稳定,算法使中心化参数 σ 保持在 1/100 以上。此操作使障碍参数 μ 按不超过因子 1/100 的幅度降低。

6.3 流域防洪现代调度技术

6.3.1 流域防洪调度技术

流域防洪系统联合调度是指对流域内一组相互间具有水文、水力、水利联系的水库以及相关工程设施进行统一的协调调度,使整个流域的洪灾损失达到最小。水库群防洪调度主要是研究水库群承担其下游共同的防洪任务时的洪水调度方法。需要根据下游防护对象的防洪标准及防洪控制点河道安全泄量,研究如何联合调控各水库,以达到下游的防洪要求。对于下游防洪标准设计洪水,需要结合干支流水库控制面积的情况,考虑干支流及区间洪水的地区组合,及相对应的干支流水库调控洪水的方式。不同的地区洪水组合典型,要求各水库所承担的调控洪水的作用也不相同。由此可见,水库群洪水调度问题远比单一水库洪水调度复杂。

常规的水库群联合调度方法,主要是根据一场洪水的地区组成及水库调节洪水能力的具体情况分析、确定各水库的补偿关系和次序,逐一采用相适应的调洪方式进行调洪计算。较大流域防洪系统一般是由多种防洪工程措施组成,具有综合运用蓄、泄、滞、分等防洪工程措施的功能。对于如此复杂的防洪系统,上述方法应用时比较难以掌握。而水库群优化调度则可以处理各种约束条件并适应系统的水情和工情的变化。

水库群优化调度模型如下:目标函数包括水库与上游防洪目标;下游堤防安全;下游淹没损失最小。流域防洪系统各组成部分既有其物理的连续关系,也有区间水文条件的相互关联。这些联系便形成了系统最优运行的种种约束。一般而言,有库容约束、水量平衡约束、水库泄流特性约束、防洪控制点流量约束、河道洪水演进约束、水流连续性约束等。

目前对于防洪优化调度的研究,普遍采用确定性优化的途径。对于水库群而言,确定性优化的方法要求对水库群所在流域一次洪水的时空分布作出确定性描述。也就是说,水库群优化调度是在给出一次洪水过程地区组合的条件下进行的。此外还必须注意到防洪联合调度的最优解是针对所选用最优化准则及其相应的目标函数,并在所采用的约束条件下得出的。目标函数及约束条件的数学描述若不能完整地、正确地反映水库群防洪系统的特点,那么模型解就不可能是防洪调度真正的最优解。以上模型可采用动态规划法进行计算。在精度能得到保证的情况下,也可通过非线性函数线性化的方法,应用线性规划技术进行求解。当模型特别复杂时,则需要考虑用大系统方法求解。

6.3.2　赣江防洪优化调度

6.3.2.1　赣江防洪概况

赣江为雨洪式河流,洪水由暴雨形成,因此,洪水季节与暴雨季节相一致。一般每年自 4 月起,本流域开始出现洪水,但峰量不大;5 ~6 月为本流域出现洪水的主要季节,尤其是 6 月,往往由大强度暴雨产生峰高量大的大量级洪水;7 ~9 月由于受台风影响,也会出现短历时的中等洪水,3 月和 10 月偶尔也会发生中等洪水。因此,本流域 4 ~6 月洪水由锋面雨形成,往往峰高量大,7 ~9 月洪水一般由台风雨形成,洪水过程一般较尖瘦。一次洪水过程一般为 7 ~10 天,长的可达 15 天,如 1964 年和 1968 年洪水;最短的仅为 5 天,如 1996 年洪水和 2002 年秋汛洪水。峰型与降水历时、强度有关,多数呈单峰肥胖型,一次洪水总量主要集中在 7 天之内。

赣江干流建有万安和峡江 2 座大(I)型水库,对赣江流域防洪起关键作用。万安水库坝址控制流域面积 36900 km^2,防洪限制水位 85 m(吴淞)。峡江坝址控制流域面积 62710 km^2,防洪限制水位 45 m(黄海)。本节针对万安和峡江水库的上下游防洪关系、联合防洪优化调度分别开展研究和分析,为赣江流域防洪调度提供决策参考。

6.3.2.2　水库上下游防洪关系分析

(1)多目标防洪调度模型见式 6.7 至式 6.12

水库多目标防洪优化调度模型的目标函数如下。

目标 1,最大水库水位最小,即最大削峰准则,

$$\min f_1 = \min\{\max Z_t\},\ t = 1,2\cdots T \qquad (式 6.7)$$

目标 2,最大下泄流量最小,即最大防洪安全保证准则,

$$\min f_2 = \min\{\max Q_t\},\ t = 1,2\cdots T \qquad (式 6.8)$$

考虑的约束条件如下。

水库水量平衡关系

$$V_t = V_{t-1} + (I_t - Q_t)\cdot \Delta t \qquad (式 6.9)$$

水库水位上下限

$$Z_t^{\min} \le Z_t \le Z_t^{\max} \qquad (式 6.10)$$

水库水位库容关系

$$Z_t = f_{ZV}(V_t) \qquad (式 6.11)$$

水库下泄能力

$$Q_t \leqslant Q^{\max}(Z_t^{\text{avg}}) \tag{式6.12}$$

其中 t、Δt 分别表示时段和时段时间长，Z_t、V_t 分别表示水库水位和库容，I_t、Q_t 分别表示入库洪水过程和出库流量过程，$Z_t^{\text{avg}} = \frac{1}{2}(Z_{t-1} + Z_t)$。

(2)求解方法

水库水位控制和下泄流量控制这两个目标分别反映了防洪调度过程中多目标问题的一个侧面。其中任意一个目标可以转化为模型的一个约束条件,从而可以从单目标解算出发,推求相应的多目标问题的非劣解集。

模型中的水库水位和蓄水量的非线性关系,采用特殊序列集这一建模工具来处理,最终将原问题转化为一系列的混合整数线性规划(Mixed Integer Linear Programming, MILP)问题,采用 IBM ILOG CPLEX 求解。

(3)万安水库防洪调度

万安水库库容曲线见图6.1,泄流能力曲线见图6.2,1%设计洪水见图6.3。该多目标优化问题的非劣解集见图6.4,在洪水调度过程中,水库最高水位体现了水库自身和上游防洪的效益,最大泄流量体现了下游的防洪效益。

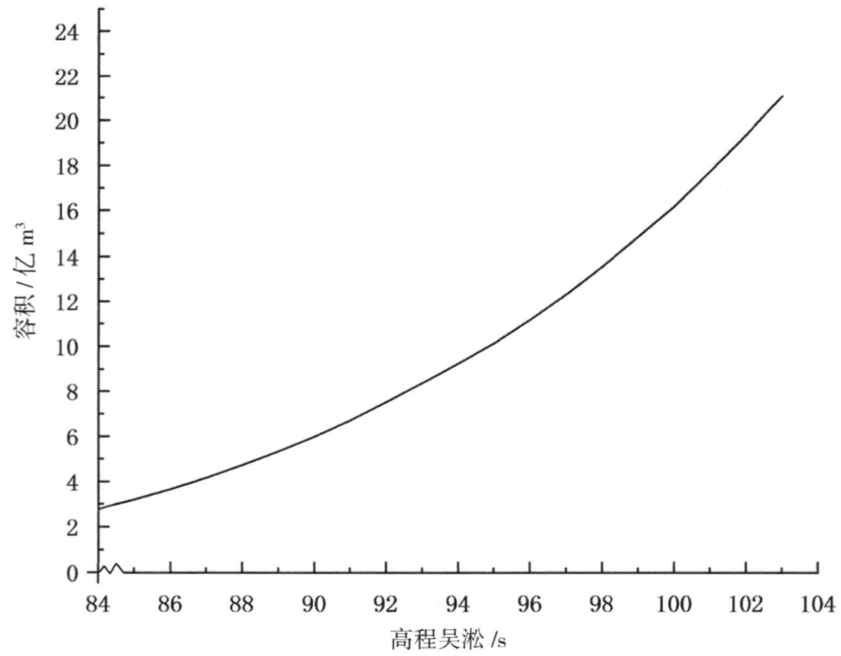

图6.1　万安水库库容曲线

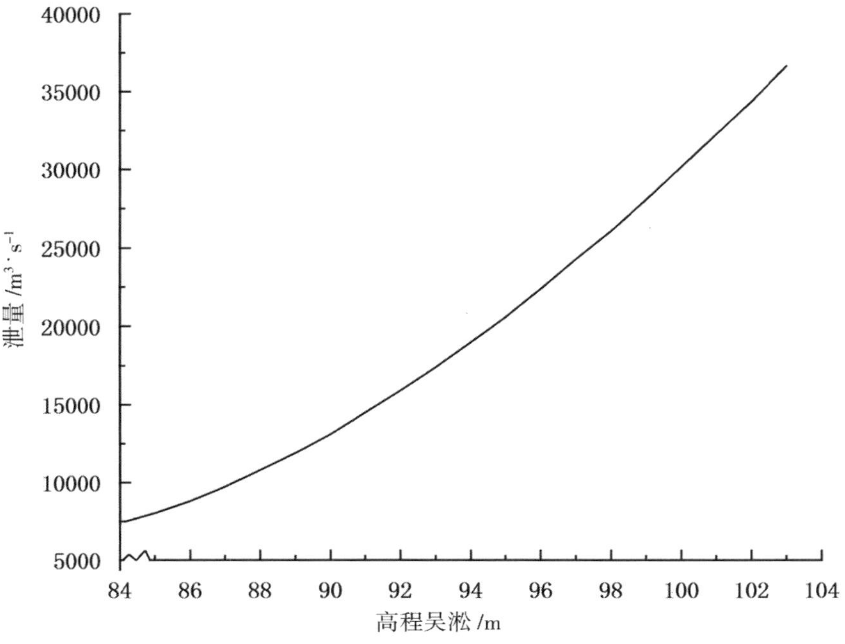

图 6.2　万安水库泄流能力曲线

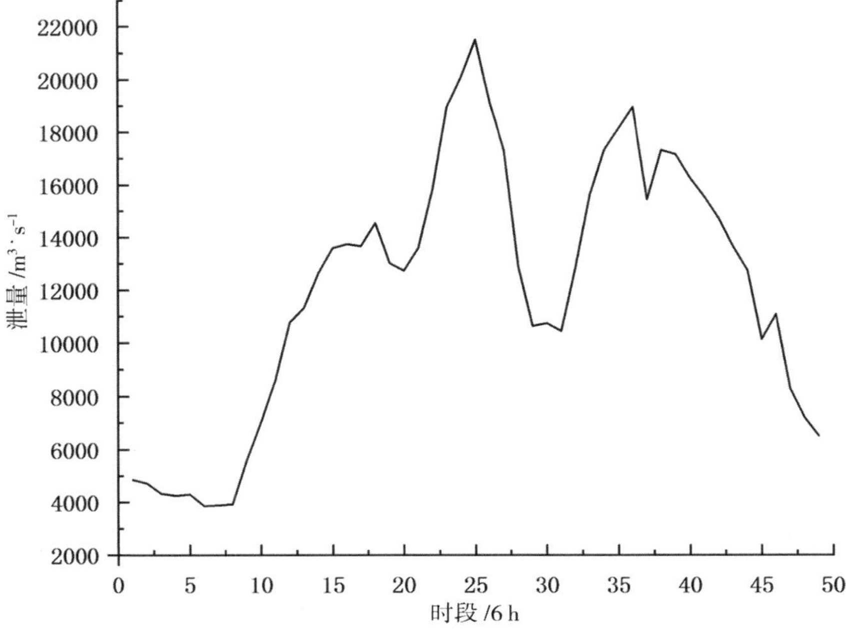

图 6.3　万安水库 1% 设计洪水

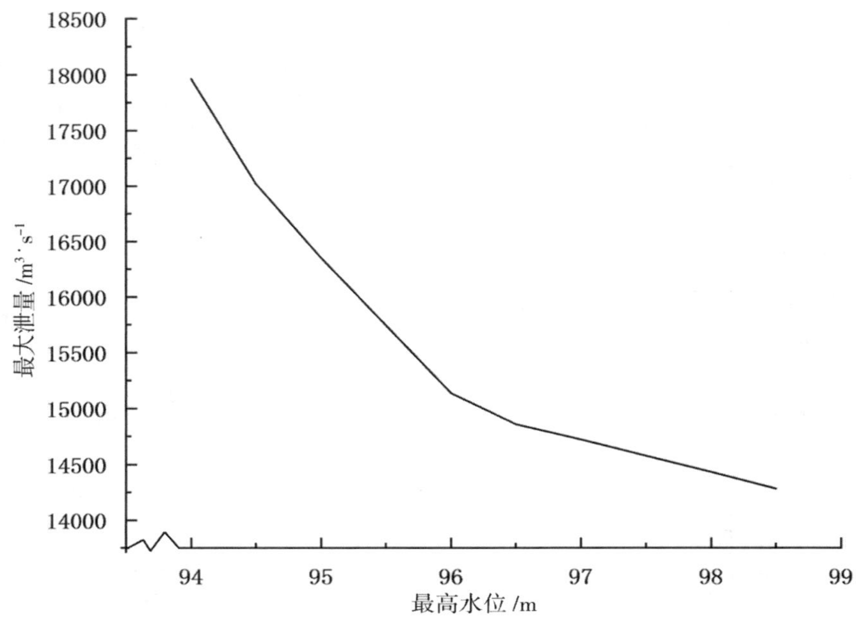

图 6.4　万安水库 1% 设计洪水最高水位与最大下泄流量的关系

(4)峡江水库防洪调度

峡江水库库容曲线见图 6.5,峡江水库泄流能力曲线见图 6.6,峡江水库 1% 设计洪水见图 6.7。该多目标优化问题的非劣解集见图 6.8,在洪水调度过程中,水库最高水位体现了水库自身和上游防洪的效益,最大泄流量体现了下游的防洪效益。

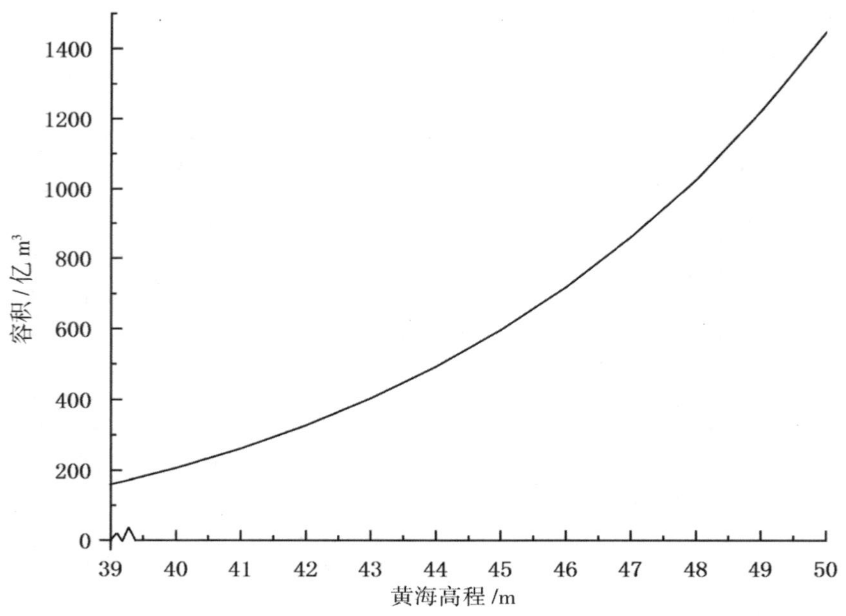

图 6.5　峡江水库库容曲线

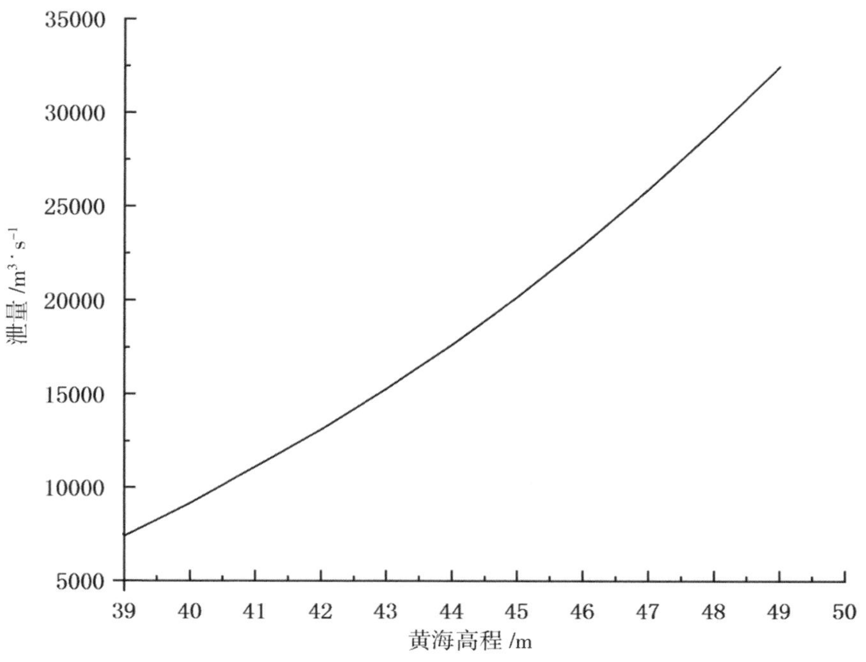

图 6.6　峡江水库泄流能力曲线

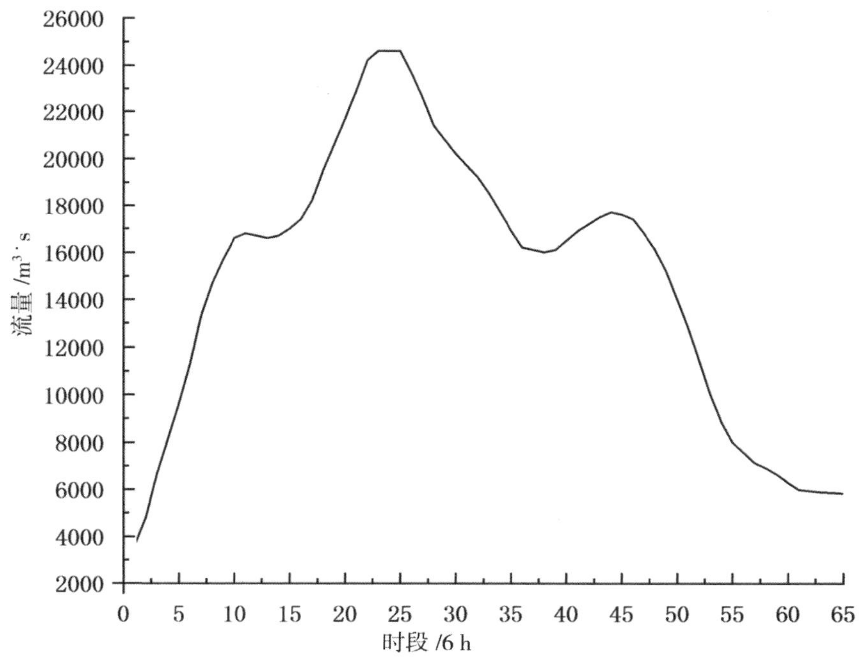

图 6.7　峡江水库 1% 设计洪水

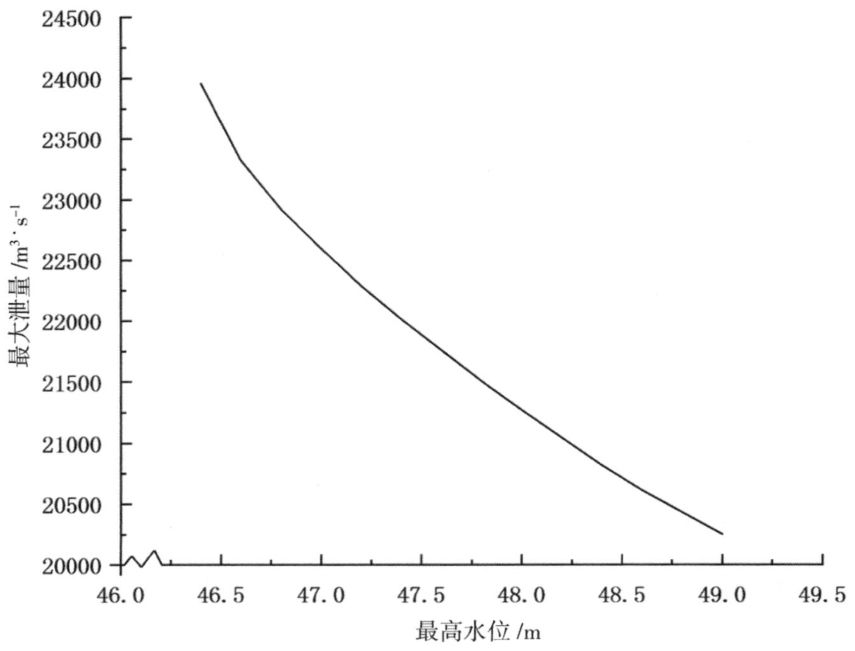

图 6.8　峡江水库 1% 设计洪水最高水位与最大下泄流量的关系

6.3.2.3　梯级水库防洪优化调度

(1)梯级水库防洪优化调度模型

水库群防洪调度目标大体可分为确保大坝自身安全,尽少占用防洪库容及其持续时间;保证防洪控制点安全行洪,当出现威胁防洪控制点行洪安全的大洪水时,应在确保水库安全的前提下,合理调节洪水,尽量避免或减轻下游的洪灾损失。坝体安全和上游淹没损失主要与水库蓄水量有关,下游洪灾损失主要与分洪量有关,堤防安全与河道行洪流量(或水位)有关。

本小节建立以最大下泄流量最小为目标的防洪优化调度模型。设梯级共有 K 个水库,自上游向下游依次编号为 $1\cdots k\cdots K$。目标函数如式 6.14 至式 6.20。

$$\min \sum_{k} \{\max Q_{k,t}\}, \; t = 1,2\cdots T \qquad (式 6.14)$$

水库出库流量变幅应尽可能小

$$\min \sum_{k} \sum_{t} \Delta Q_{k,t} \qquad (式 6.15)$$

考虑的约束条件如下

①水库水量平衡关系

$$V_{k,t} = V_{k,t-1} + (I_{k,t} + Q_{k-1,t-\tau} - Q_{k,t}) \cdot \Delta t \qquad (式 6.16)$$

②水库水位上下限

$$Z_{k,t}^{\min} \leq Z_{k,t} \leq Z_{k,t}^{\max} \qquad (式 6.17)$$

③水库水位库容关系

$$Z_{k,t} = f_{ZV}(V_{k,t}) \qquad (式 6.18)$$

④水库下泄能力

$$Q_{k,t} \leq Q_{k}^{\max}(Z_{k,t}^{\text{avg}}) \qquad (式 6.19)$$

⑤相邻时段出库流量变幅

$$\Delta Q_{k,t} = |Q_{k,t} - Q_{k,t-1}| \qquad (式 6.20)$$

其中 t、Δt 分别表示时段和时段时间长，$Z_{k,t}$、$V_{k,t}$ 分别表示水库 k 在时段 t 的水位和库容，$I_{k,t}$、$Q_{k,t}$ 分别表示区间入库洪水和出库流量，$Q_{k-1,t-\tau}$ 表示考虑洪水传播时间 τ 的上级水库出库流量，$Q_{k}^{\max}(Z_{k,t}^{\text{avg}})$ 表示相应水位的泄流能力，$Z_{t}^{\text{avg}} = \frac{1}{2}(Z_{t-1} + Z_{t})$。

(2)算例分析

以万安—峡江梯级水库为例,采用两级目标,第一级目标控制水库最大下泄流量,第二级目标调节出库流量过程使其尽可能平稳。对 100 年一遇设计洪水进行调节,优化调度成果如图 6.9 所示,通过调度削减洪峰流量 26.7%,有效降低下游防洪压力。

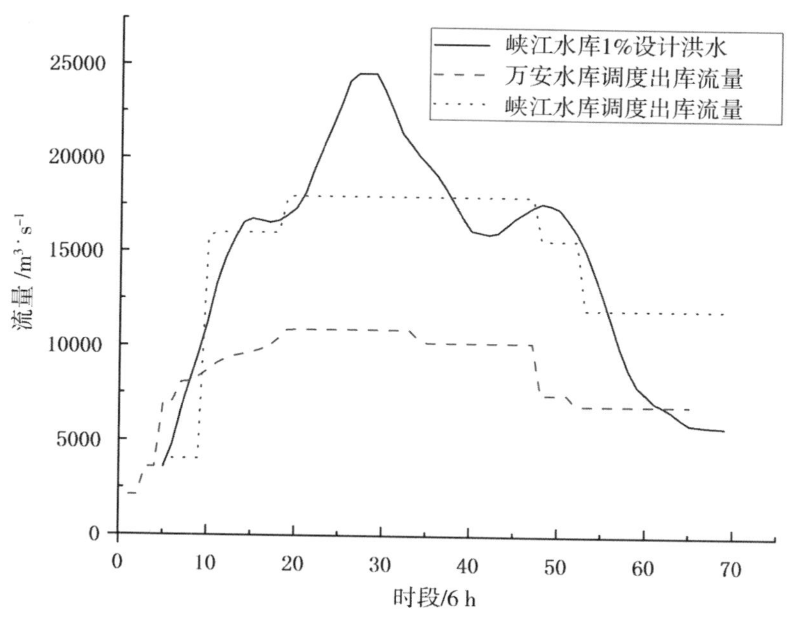

图 6.9　万安—峡江梯级水库防洪优化调度

6.4 城市洪涝现代调度技术

6.4.1 城市洪涝调度技术

现有的城市洪涝灾害研究和防洪减灾方法主要集中在城市洪涝过程模拟和洪涝预报,城市洪涝调度方面则存在欠缺,以经验调度为主,优化调度鲜有涉及。城市建设重构了城市下垫面、水系空间,输调配水工程以及河湖连通工程使得城市水系统拓扑结构从单纯的树状结构变为复杂的网状结构。存在水资源系统环状网络结构、洪水顶托、天然水道和人工渠化水道并存的水量转输和调蓄等问题。经验调度方式和传统的调度方法不能考虑复杂网状水力联系,湖泊蓄泄、控制闸操作和泵排流量决策的时空组合极多,各约束耦合关系复杂,经验调度方式无法做到全域、全时空的统一调度,因此不能适用于复杂的海绵城市洪涝调度问题。

洪涝优化调度是根据降雨预报和河湖初始蓄水状况调蓄雨洪,制订雨水管网系统的最优运作方式,包括湖泊的各时段蓄水位和节点控制闸启闭和过流量,同时避免控制闸频繁操作。场次暴雨调度时间尺度取决于区域产汇流时间、河道洪水传播时间、调蓄能力等因素,在研究过程中根据区域面积、问题复杂程度和精度要求再做调整。由于各河渠及其关键节点流量存在传播时间的差异,在确定计算时段间隔时应考虑时段间隔与河道水流传播时间的耦合关系。采用的时段间隔越精细,越有利于与水流传播时间的耦合,但是会增加问题的复杂程度。

运用水资源系统分析方法,绘制研究区水资源系统网络概化图,确定研究区雨水系统调度的拓扑结构。设计不同重现期下的降雨情境,以防洪(涝)、蓄水、经济为目标,以不增加原河道最大流量为控制条件,以水量、流量、水位、流速等为决策变量,以水量平衡、区域的安全水位、河湖的调蓄能力、河湖排水能力等为约束,构建雨水系统优化调度模型。河道和湖泊水量平衡要着重分析河湖水力连接关系,依据关键节点对区域各河道分段,分别建立水量平衡关系。

城市水系统的复杂网络结构导致不同节点的闸、泵操作组合可以呈现复杂多样的水流关系,同时还要考虑各节点的水位限制和地理特征,避免回水壅高造成淹没内涝。闸、泵的最优组合操作是发挥水库、河湖调蓄作用的关键。由于城市雨水系统的复杂网状结构,常规调度方法或试算方法难以使用,为此需要构建优化调度模型。模型的构建应充分考察区域安全水位和节点过流能力等因素,力求能够有足够的精度,同时符合标准数学规划模型形式以便于求解。洪涝调度的主要目标是城市洪涝灾害风险最小,包括受灾区域面积和持续时间等,并考虑闸、泵操作的便利性。要考虑的约束条件和因素包括:考虑复杂管网连接关系的水量平衡、区域的安全水位、节点水位控制、节点过流能力、河湖的调蓄能力、河道管网水流流速和时滞、河湖水位—蓄水量关系等。

6.4.2　萍乡城区洪涝优化调度

6.4.2.1　萍乡市海绵城市建设概况

萍乡市处于湘江一级支流萍水河上游,属江南丘陵地区,属亚热带季风性湿润气候类型,全年平均降水量为 1603 mm。由于萍乡市城区处于上游前端,其上汇流速度较大,区域内只有一座库容较小的中型水库,河道汇点处易产生洪涝。虽然降水量较多,但区域人口聚集,蓄水工程极度不足,因此该区域出现内涝灾害与水资源短缺并存问题。江西省萍乡市是全国第 1 批 16 个海绵城市建设试点城市之一,2018 年底 3 年期海绵城市建设已完成,建设了 80 多项"海绵体"工程及防洪生态治理工程。但 2019 年出现 60 年一遇的洪水产生大面积洪涝灾害,尤其是城区下游湘东区灾害更加严重。据相关部门分析,其固有缺乏大型调蓄工程的缘故,但也未充分利用现有条件进行合理调度,以减轻其灾害程度。海绵城市建设重构了城市下垫面、水系空间,从水文水力关系视角看,海绵城市建设后,城市水系统拓扑结构从单纯的树状结构变为复杂的网络结构,但该研究区域面积不大,比较适合作为研究区典型。

萍乡市海绵城市建设后,城市水系统拓扑结构从单纯的树状结构变为复杂的网络结构。不同节点控制闸的操作组合可以呈现复杂多样的水流关系,同时还要考虑各节点的水位限制和地理特征,避免回水壅高造成淹没内涝。雨水系统闸门的最优组合操作是发挥调蓄作用的关键。由于雨水系统的复杂网状结构,常规调度方法或试算方法难以使用,为此需要构建优化调度模型。模型的构建应充分考察区域安全水位和节点过流能力等因素,力求能够有足够的精度,同时符合标准数学规划模型形式以便于求解。

6.4.2.2　优化调度模型和技术

如图 6.10 所示,面向城市洪涝的流域与区域耦合优化调度技术,其主要步骤如下。

分析海绵城市河湖管网系统水力关系和结构,构建水力联系拓扑关系图;海绵城市输调配水工程以及河湖连通工程使得城市水系统拓扑结构从单纯的树状结构变为复杂的网状结构,系统主要由河、湖(水库)、连通渠、控制闸、排涝泵站、排水管网等组成。通过实地考察,结合海绵城市规划设计资料和卫星地图,依据城区防洪排涝主次关系,构建城区水力联系拓扑关系图。

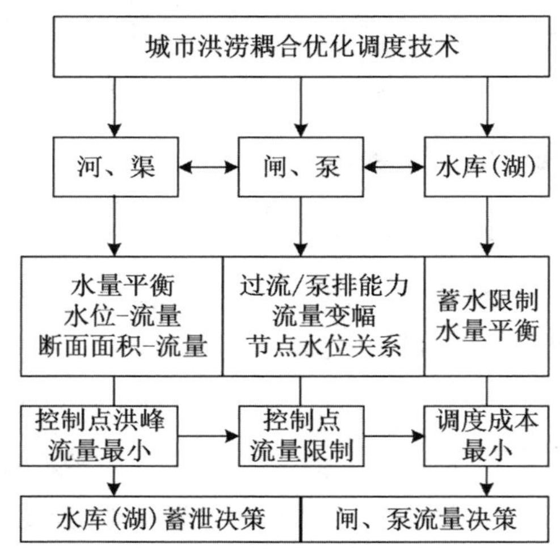

图 6.10　城市洪涝耦合优化调度技术

萍乡市河湖管网雨水系统拓扑关系如图 6.11 所示,其中圆圈表示湖泊或水库,环形圆圈表示赤山隧洞,线条表示河流或渠道,箭头表示水流方向。萍水河田中水文站以上原弯曲河段经裁弯取直之后形成萍水湖,河道行洪能力增加,并可以配合运用萍水湖的调蓄能力。五丰河上游修建赤山隧洞与黄土开水库下游河道连通,隧洞两侧布设多向闸门,通过闸门的组合运用控制水流方向。枯水期可以引黄土开水库水流至玉湖,增加景观效益,洪水期可以拦截五丰河上游流量,即"上截"。玉湖位于五丰河中游,出口设闸门控制,五丰河中下游于万龙湾建设路桥下通过箱涵引水至鹅湖,玉湖调蓄和鹅湖调蓄即是"中蓄"。鹅湖通过泵站排水至萍水河,五丰河口为防止萍水顶托,设闸门和

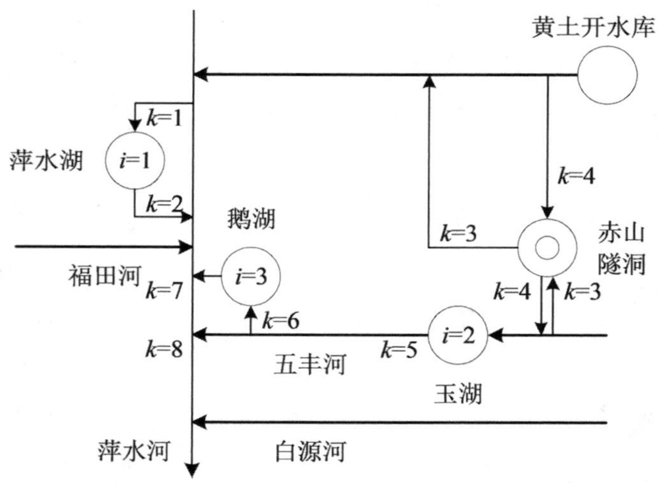

图 6.11　萍乡河湖拓扑结构

泵站，必要时关闸排水，鹅湖泵站和五丰河泵站即是“下排”。“上截、中蓄、下排”的调控机制能够有效缓解五丰河城区的防洪压力，同时河湖关系更为密切，系统更为复杂，需要研究科学的调度模型和方法。

根据研究区域的河湖水力联系、关键水位控制点、水文/水位站点、河渠控制闸和排涝泵站等确定洪涝调度模型的主要节点，考虑主要节点之间的水流传播时间确定调度计算的时段间隔；海绵城市防涝调度主要针对场次暴雨，即以场次暴雨历时为调度期。优化调度计算采用的时间间隔应考虑模型的精度需求，以及时段间隔与关键节点之间水流传播时间的耦合关系。

根据洪涝调度的主要控制目标确定调度模型的目标函数；海绵城市洪涝调度常用的控制目标是洪涝灾害损失最小和调度成本最低，前者可用调度洪峰流量最小、关键水位控制点淹没时长等表示，后者可用泵排总流量、控制闸操作次数等表示。

根据河段流量演算、湖泊（水库）蓄水限制和水量平衡、关键节点水位和流量控制、河道水位－流量－断面面积关系、控制闸过流能力和相邻时段流量变幅等确定调度模型的约束条件见式6.21至式6.25。

考虑水流滞时的城区湖泊（水库）水量平衡可表示为

$$\left(Q_{i,t} + P_{i,t} + \sum_{m \in A_i} q_{m,t-\tau_m} - \sum_{m \in B_i} q_{m,t} - O_{i,t}\right)\Delta t = V_{i,t+1} - V_{i,t} \qquad (式6.21)$$

考虑水流滞时的城区河道水量平衡可表示为

$$\left(Q_{j,t} + P_{j,t} + \sum_{m \in A_j} q_{m,t-\tau_m} - \sum_{m \in B_j} q_{m,t} - O_{j,t}\right)\Delta t = V_{j,t+1} - V_{j,t} \qquad (式6.22)$$

其中，i表示湖泊，j表示河道，P表示区间汇流量，Q表示入流量，O表示出流量，A表示流入控制闸集合，B表示流出控制闸集合，m表示控制闸，τ_m表示控制闸相应渠道的水流传播时间，V表示蓄水量，t表示时段。

湖泊（水库）蓄水限制可表示为

$$V_i^{\min} \le V_i^t \le V_i^{\max} \qquad (式6.23)$$

其中$V^{\min}$、$V^{\max}$分别是湖泊允许的最小和最大蓄水量。此处用蓄水量表示与水量平衡一致，避免水位－蓄水量关系的换算，优化计算完成之后再将蓄水量换算为水位即可。

控制闸过流能力限制可表示为

$$q_k^t \le q_k^{\max} \qquad (式6.24)$$

其中k是控制闸编号，$q_k^{\max}$是其最大过流能力。控制闸相邻时段流量变幅应尽可能平稳，可表示为

$$\left|q_k^{t+1} - q_k^t\right| \le \Delta q_k \qquad (式6.25)$$

其中 Δq_k 是控制闸 k 在相邻时段的流量变幅。

划分的河段节点处水位－流量－断面面积关系由水文站点数据拟合，水位－流量－断面面积关系采用二次表达式拟合，不宜采用高次多项式，以免规划求解中出现数值病态；若曲线关系的线性相关度很高，也可采用线性表达式拟合，同时降低计算复杂度见式 6.26 至式 6.27。

河道断面面积－流量关系可表示为

$$S_j^t = f_{SQ}(Q_j^t) \tag{式 6.26}$$

河道水位－流量关系可表示为

$$Z_j^t = f_{ZQ}(Q_j^t) \tag{式 6.27}$$

其中 Q 表示流量，S 表示断面面积，Z 表示水位。

模型中各变量均取非负值，涉及的其他约束还包括：关键节点水位和流量控制，水位顶托关系，调度期湖泊（水库）初末蓄水量（或水位）等。

模型涉及三个目标函数，按目标函数的优先级采用分层优化法求解。其中防洪效益最为重要，即先求解优先级最高的目标 1，得到优化调度的最大洪峰流量；然后以此为约束，即在不超过此洪峰流量的前提下，对调度费用和控制闸流量及其变幅进行优化，这里直接把目标 2 和 3 相加作为目标函数进行求解。在分层优化求解过程中，两级优化均是非线性规划，采用内点法进行求解。

以历史或预测的城区洪水过程为输入，运用上述调度模型和方法，得到城区河湖各控制闸和排涝泵站的调度方案。在实际运用中，可根据城区水雨情监测和预报，每隔若干时段滚动更新，不断生成新的调度决策，进一步提高调度的科学性。

6.4.2.3 典型洪水优化调度结果分析

萍乡水文站 87.00 m 水位为警戒水位，高于 87.00 m 为内涝受淹水位。在萍乡水文站水位 87.00 m（黄海，以下同）条件下，对应上游萍乡水位站水位为 88.60 m（萍麻桥桥面高程 92.42 m），对应城区康庄桥水位站水位为 91.00 m（康庄桥桥面高程92.51 m），五丰河出口萍水河水位 90.80 m（地面高程 91.10 m），白源河出口萍水河水位 90.55 m（地面高程 91.30 m）。以下以 20190709 典型场次洪水调度为例进行调度分析。

（1）萍乡水文站

2019 年 7 月 8 日 2:00，水文站实测水位 84.18 m，相应流量 102 m^3/s；至 7 月 8 日 22:00，水文站实测水位 87.04 m，相应流量 489 m^3/s，已超过淹没高程 87.00 m，开始产生内涝（积水深度 >15 cm，为内涝；积水深度 <15 cm，为积水）；淹没时间 23 h，最大淹没深度出现在 7 月 9 日 10:00—11:00（第 33 个时段），水位 88.32 m，最大内涝深度

1.32 m,相应流量 725 m^3/s。优化调度后,9 日 0:00 至 22:00 出现内涝,最高水位 87.70 m,最大内涝深度 0.70 m,内涝深度消减了 60 mm,相应流量 610 m^3/s,消减流量 115 m^3/s。实测和调度对比如图 6.12 所示,实线表示实测、虚线表示调度,红色表示水位、蓝色表示流量。

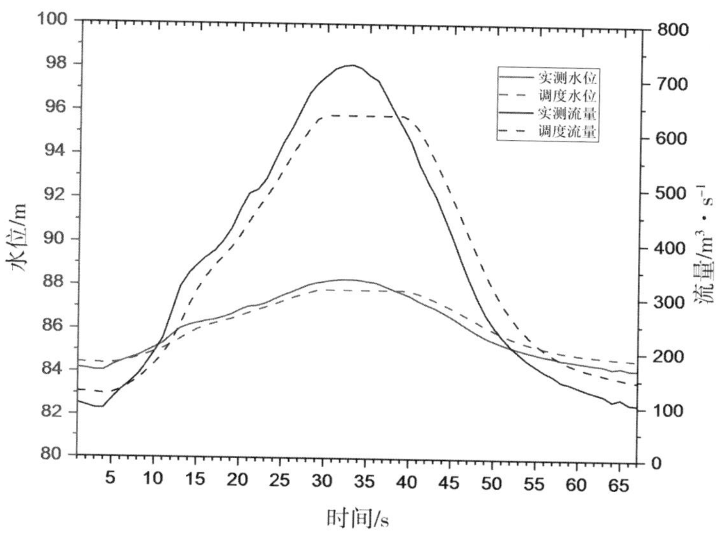

图 6.12　萍乡水文站水位流量

(2)五丰站

2019 年 7 月 8 日 2:00,水文站实测水位 87.95 m,相应流量 4.21 m^3/s;至 2019 年 7 月 9 日 0:00(第 23 时段),水文站实测水位 90.7 m,相应流量 23.8 m^3/s,已超过淹没高程 90.7 m,开始产生内涝;淹没时间 23 h,最大淹没深度出现在 7 月 9 日 11:00—12:00(第 35 个时段),水位 92.07 m,相应流量 33.3 m^3/s。优化调度后,最高水位 89.3 m,维持 38 h(12 至 49 时段),相应流量 15 m^3/s,已建闸无洪水顶托,通过泵排,未出现内涝。实测和调度对比如图 6.13 所示,实线是实测、虚线是调度,红色是水位、蓝色是流量。

(3)五丰河出口出水过程

优化调度后,第 1 个时段到第 66 个时段出流 949.86 万 m^3,其中维持 38 h(12 至 49 时段),相应流量 15 m^3/s;第 23 个时段(9 日 0:00—1:00),五丰河出口处萍水河水位(89.37 m)高于五丰河水位站水位(即五丰河出口处水位 89.30 m),开始关闸启动泵排;关闸时间一直维持到第 46 个时段(9 日 23:00—24:00),共 24 h,泵排流量 15 m^3/s,泵排时长 24 h。

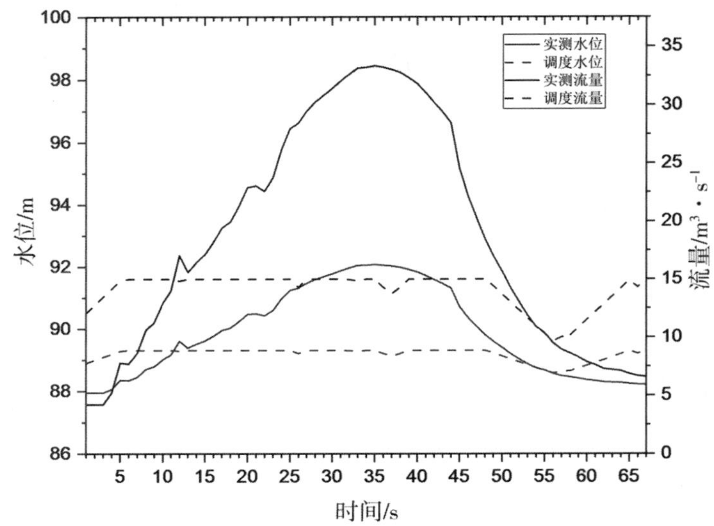

图 6.13　五丰站水位流量过程

(4)萍水湖蓄水过程

第 13 个时段降到最低(80.451 万 m^3),第 28 个时段开始蓄水,到第 38 个时段(9 日 15:00)蓄满(357.057 万 m^3),然后到第 41 个时段下降。第 28 ~ 37(7 月 9 日 13:00)时段入湖流量 768.4 m^3/s,平均时段入湖流量 76.8 m^3/s,最大入湖流量 92 m^3/s,出现在第 31 ~ 33(7 月 9 日 9:00)时段;其他时段无入流。第 1 个时段(215.385 万 m^3)至第 12 个时段(80.451 万 m^3)下泄,总泄量 374.8 m^3/s,最大下泄流量 32.6 m^3/s;第 29 时段(7 月9 日 5:00)开始蓄水,第 31(9 日 7:00) ~ 33 个时段入湖流量最大,92 m^3/s;第38 ~ 41 时段蓄满(357.057 万 m^3),然后开始下泄。

(5)玉湖蓄水过程

第 14 个时段(8 日 15:00)降到最低(8.586 万 m^3),第 27 个时段(7 月 9 日 3:00)开始蓄水,到第 40、41、47、48 个时段蓄到最满(66.626 万 m^3)。整个过程都有出流,第 1 ~ 28(7 月 9 日 4:00)时段下泄 327.7 m^3/s,平均下泄 11.7 m^3/s;第 29 ~ 38(7 月 9 日 14:00)时段下泄 59.3 m^3/s,平均下泄 5.9 m^3/s;第 39 ~ 45(7 月 9 日 21:00)时段下泄 89.3 m^3/s,平均下泄 12.8 m^3/s;第 46 ~ 66 时段下泄 186.9 m^3/s,平均下泄 8.5 m^3/s。

(6)鹅湖蓄水过程

第 12 个时段(7 月 8 日 13:00)降到最低(7.9571 万 m^3),第 29 个时段开始蓄水,到第 40、41、42、49 个时段蓄到最满(21.3795 万 m^3)。第 12 ~ 48(7 月 10 日 0:00)时段入湖流量 318.3 m^3/s,37 个时段平均 8.6 m^3/s,最大入湖流量 18.6 m^3/s,在第 27 个时段(7 月 9 日 3:00),其他时段无入流。第 1 ~ 20(7 月 8 日 21:00)时段出湖流量

62.9 m^3/s,平均下泄 3.1 m^3/s;第 21～32(7 月 9 日 8:00)时段出湖流量 173.8 m^3/s,平均下泄 14.5 m^3/s;第 33～39(7 月 9 日 14:00)时段出湖流量 37.5 m^3/s,平均下泄 5.4 m^3/s;第 40～44(7 月 9 日 20:00)时段出湖流量 67.4 m^3/s,平均下泄 13.5 m^3/s;第 45～66 时段出湖流量 52.2 m^3/s,平均下泄 2.3 m^3/s。最大出湖流量 20.6 m^3/s,出现在第 27 个时段(7 月 9 日 3:00),整个 66 个时段出湖流量 393.7 m^3/s,平均出流 5.9 m^3/s。

(7)赤山调水过程

所有时段调水到萍水河上游,第 1～66 个时段总调水流量 141 m^3/s,平均流量 2.1 m^3/s最大流量为 4.8 m^3/s,出现在第 36～37 个时段(7 月 9 日 12:00)。

(8)成果分析及讨论

湖泊的初末水位设定为各自的汛限水位,湖泊蓄水量变化和控制闸流量过程分别如图 6.14 和图 6.15 所示。萍水湖调蓄库容最大,对萍水河洪水过程的调节起主导作用,在前 14 h 各湖泊尽可能地预泄,随后由于萍水河流量增加,从第 18 个时段开始,萍水湖受出口河道水位顶托停止下泄;26～38 时段萍水湖蓄滞洪水,之后逐渐加大流量下泄。赤山调水工程、玉湖、鹅湖分别对应"上截、中蓄、下排"的调控机制,主要调节五丰河洪水过程,并考虑萍水河水顶托,避免五丰河城区发生内涝,同时错开萍水洪峰流量。

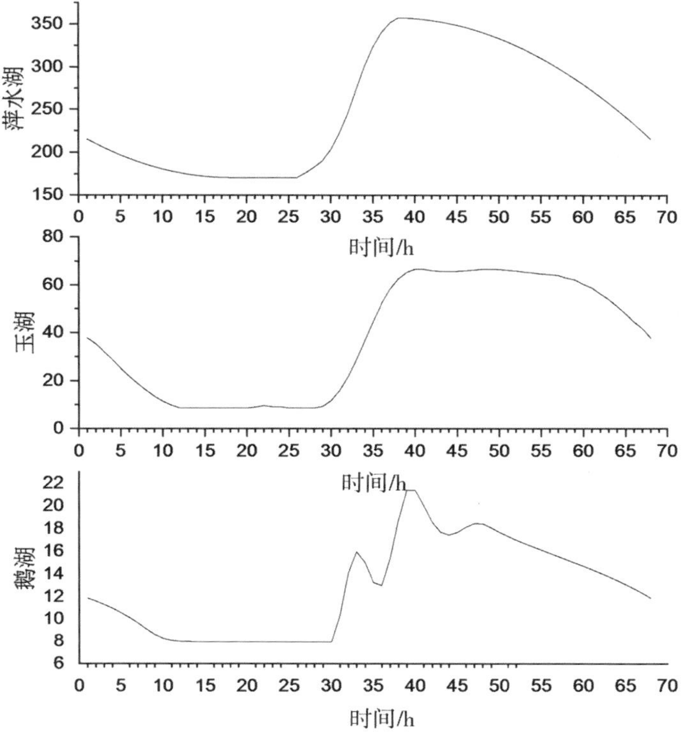

图 6.14　湖泊蓄水量(万 m^3)

(9)优化调度成果分析

以萍乡水文站测算,本次洪水实测最高水位 88.32 m,相应流量 725 m^3/s。按《城市内涝防治规划标准》(GB/T51222—2017)评价标准,产生内涝时长 23 h,其中严重内涝 16 h,轻度内涝 4 h。优化调度后,本次洪水最高水位 87.70 m,最大内涝深度 0.70 m,内涝深度消减了 62 cm,相应流量 610 m^3/s,消减流量 115 m^3/s。产生内涝时长 21 h,其中严重内涝 16 h,轻度内涝 2 h。以五丰河出口水位站测算,本次洪水最大洪峰流量 33.3 m^3/s,实测最高水位 92.07 m,产生内涝时长 21 h,其中严重内涝 21 h;优化调度后,不再产生积水。五丰河泵排 312 m^3/s,泵排时长 22 h,耗电量 2860 kwh,见图 6.15。

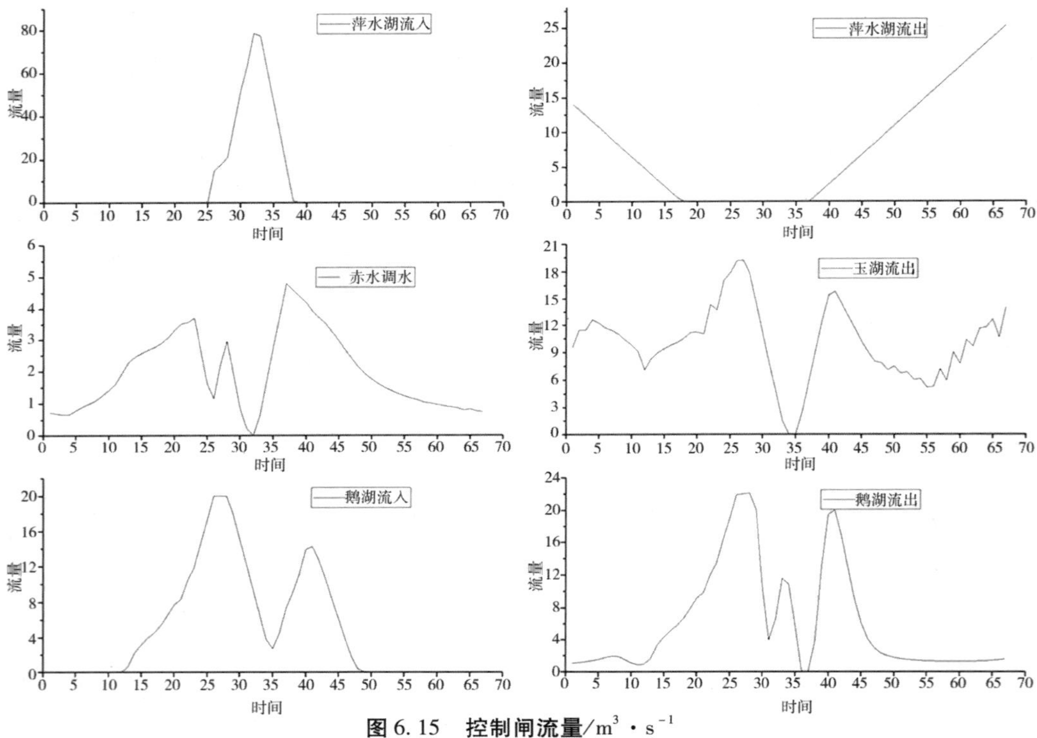

图 6.15 控制闸流量/$m^3 \cdot s^{-1}$